Aus dem Zoologischen Institut der Landwirtschaftlichen Hochschule Berlin

Biologische Studien über Carabus nemoralis Müll.

Von dem Senat
der Landwirtschaftlichen Hochschule in Berlin
genehmigte
Dissertation
zur Erlangung der Würde eines Doktors
der Landwirtschaft

vorgelegt durch

Kurt Delkeskamp
Diplomlandwirt

Mit 40 Abbildungen

Sonderabdruck aus
„Zeitschrift für Morphologie und Ökologie der Tiere"
Bd. 19, Heft 1

Springer-Verlag Berlin Heidelberg GmbH
1930

ISBN 978-3-662-39052-8   ISBN 978-3-662-40029-6 (eBook)
DOI 10.1007/978-3-662-40029-6

Berichterstatter:

Professor Dr. Heymons (Hauptberichterstatter)

Professor Dr. Mangold

Disposition.

I. Einleitung.

Der wirtschaftliche Nutzen, den die Caraben dem Land- und Forstwirt wie dem Gärtner gewähren, hat ihnen seit jeher ein besonderes Interesse eingetragen. Obwohl schon mehrere 1000 Formen von Imagines beschrieben wurden, sind bisher nur vier Vertreter der Gattung durch eine eingehende Darstellung der Biologie wie eine genaue Charakterisierung der Larven und ihrer Stadien gewürdigt worden: *Carabus Ullrichi* GERM. (VERHOEFF), *Car. auratus* L. (V. LENGERKEN), *Car. granulatus* L. (OERTEL), *Car. cancellatus* ILLIG. (KIRCHNER). Die Ursache dieser überraschenden Tatsache liegt in den Schwierigkeiten, die einer erfolgreichen Aufzucht in der Gefangenschaft entgegenstehen und bereits wiederholt zur Aufgabe der begonnenen Untersuchungen geführt haben.

Die vorliegende, unter Leitung der Herren Prof. Dr. R. HEYMONS und Prof. Dr. V. LENGERKEN angefertigte Arbeit setzt sich zum Ziel, eine eingehende Beschreibung der Lebensweise, wie eine genaue Charakteristik der drei Larvenstadien von *Carabus nemoralis* MÜLL. zu liefern. Mir dient die Arbeit V. LENGERKENS über „*Carabus auratus* L. und seine Larve" als Anhalt, um die Charakteristik der Larven nach gemeinsamen Gesichtspunkten durchzuführen und somit Vergleiche zu erleichtern.

  1

II. Vorkommen und Verbreitung.

Carabus nemoralis Müll. ist in Deutschland „überall häufig", wie v. Fricken (10) angibt. Er findet sich in Wäldern, auf Feldern, in Gärten und auf Wegen, ja selbst in Parks und Wallanlagen der großen Städte ist er ein wirksamer Vertilger von Schädlingen. Zwar bezeichnet ihn Reitter als „nicht häufig", doch stehen dem eine große Zahl Angaben anderer Forscher gegenüber, die bestimmte Gebiete Deutschlands erforscht haben und Gegenteiliges behaupten, so daß sich ein nicht häufiges Vorkommen nur auf bestimmte Teile Deutschlands beschränken dürfte. Um nur einige dieser Forscher hervorzuheben, seien Wahnschaffe (28) für das Gebiet zwischen Helmstedt und Magdeburg, v. Heyden (13) für Nassau und Frankfurt, Wilken (29) für Hildesheim, Koltze (18) für Hamburg, Kellner (17) für Thüringen und Erichson (4) für Brandenburg genannt, die sämtlich ein häufiges Vorkommen betonen. Im Südosten von Deutschland allerdings wird er seltener. So ist er nach den Angaben von Gerhardt (11) in Schlesien „ziemlich selten, in Oberschlesien häufiger".

Carabus nemoralis Müll. findet sich nicht nur in der Ebene, sondern auch im Gebirge, ja selbst im Hochgebirge, bezeichnet ihn doch z. B. Stierlin (26) als „häufig in der ebeneren Schweiz". Wenn er trotzdem nicht so allgemein bekannt ist wie etwa *Carabus auratus* L., so liegt das daran, daß er als Nachttier sich nur selten am Tage zeigt und daß er unauffällig gefärbt ist. Bei der Bodenbearbeitung wird der Käfer oft aus seinem Verstecke aufgescheucht, zeigt sich aber nur wenige Augenblicke, um sich sofort wieder einzugraben oder unter Steinen und Blättern zu verbergen. Volkstümliche Bezeichnungen wie „Kuhkälbchen" in Hannover, „Maikuh" in Schlesien, „Teerwurm" in Pommern deuten schon darauf hin, daß er im Volk nicht ganz unbekannt ist.

Was die Verbreitung von *Carabus nemoralis* Müll. außerhalb Deutschlands betrifft, so befindet er sich nach Jakobson (15) in Spanien nur in der nördlichen Hälfte. Das gleiche gilt für Italien, wo von Bertolini (2) und in der *Fauna Coleopterorum Italica* (6) nur die nördlichen Gebiete angegeben werden. Das häufige Vorkommen in der ebeneren Schweiz wurde bereits erwähnt. In Frankreich und Holland ist er nach Mitteilung von H. Kuntzen und nach Everts (5) sehr gemein, ebenso nach Fowler (9) in England und Schottland und nach Johnson (16) in Irland. Für Schweden gibt Grill (12) das Vorkommen von Schonen bis Gestrikland und für Norwegen als nördlichsten Punkt Trondhjem an, so daß er also etwa bis 63⁰ nördl. Breite vordringt. Dieser Breitengrad bildet auch in Finnland seine Verbreitungsgrenze, wo als nördlichstes Verbreitungsgebiet Wasa von Grill angegeben wird. Von den baltischen Ostseeprovinzen, wo er von Seidlitz (23) als „in Wäldern und Gärten gemein" bezeichnet wird, dringt er in Rußland bis Petersburg, Nowgorod, Jaroslaw und Moskau vor (Jakobson). In Polen ist er im Westen häufig, wird dagegen im Osten immer seltener (Kuntze, 29).

Südöstlich von Deutschland wird *Car. nemoralis* immer mehr und mehr zu einem einseitigen Waldtier. In Österreich ist er, wie in Schlesien, nach Redtenbachers (21) Angaben selten. In Ungarn kommt er in den Gebirgswäldern allenthalben vor, fehlt aber nach Seidlitz (24) bereits in Siebenbürgen und kommt in Rumänien nach Hormuzaki (14) nicht mehr vor. Sonst ist er auf der Balkanhalbinsel nach Apfelbeck (1) nur einmal im Waldgebiet der Vuejaluka bei Serajewo gefangen worden und scheint hiermit nach bisherigen Kenntnissen seinen südöstlichsten Punkt erreicht zu haben. In Galizien ist er nach Lomnicki (20) vorzugsweise in den Gebirgswäldern überall verbreitet. In der sich nördlich ausbreitenden Tiefebene fehlt er aber und ist in dem sich östlich anschließenden podolischen Hochplateau in den Talwäldern bisher nur zweimal gefunden worden, nämlich von Lomnicki bei Buczacz und von Kuntze bei Czortkow, zwei Gegenden, die unweit voneinander liegen. Somit ist *Car. nemoralis* im nördlichen Teile Mitteleuropas bedeutend weiter östlich vorgedrungen als im südlichen Teile, und es haben nach bisherigen Kenntnissen Jaroslaw und Buczacz als die östlichen Punkte der Verbreitung zu gelten.

In außereuropäischen Ländern kommt er nur noch an der Ostküste von Nordamerika vor. Allerdings ist er hier eingeführt.

III. Bisherige biologische Schriften über Carabus nemoralis Müll.

Bevor die bisherigen biologischen Schriften über *Car. nemoralis* besprochen werden, ist kurz auf die systematische Bezeichnung des Käfers einzugehen. Zum ersten Male wird er im Jahre 1764 von O. F. Müller erwähnt. In Unkenntnis dieser Tatsache hat man ihn lange als *Car. nemoralis* Ill. bezeichnet. Ja, stellenweise ist er in der Literatur unter dem Namen *Car. hortensis* Fabricii angeführt, wie unter anderem von O. Heer.

Die erste Beschreibung der Larve von *Car. nemoralis* lieferte im Jahre 1836 Oswald Heer (35). Er hatte sie öfter in Gärten und auf Feldern gesehen und zweifelte nicht, daß sie zu *Carabus nemoralis* gehört. Jedoch glückte es ihm nie, trotz wiederholter Versuche, den Jungkäfer zu erhalten, um die Zugehörigkeit sicherzustellen. Wenn auch die Beschreibung, die sehr allgemein gehalten ist und keine nähere Bestimmung zuläßt, für die Larve von *Car. nemoralis* zutrifft, so stehen die Abbildungen in schroffstem Gegensatz zur Wirklichkeit.

Schioedte (51) ist der erste, der eine wirklich eingehende Beschreibung der Larve sowie drei ausgezeichnete Abbildungen liefert. Da er ferner als erster artcharakteristische Merkmale hervorhebt, nennt ihn Verhoeff (52) mit Recht als den „Entdecker der wichtigsten diagnostischen Charaktere“ der *Carabus*-Larven. Leider gibt Schioedte nicht an, wie er zu den Larven gekommen ist, noch weiß man, welches Stadium er beschreibt. Die Form des Clypeus wie die Farbbezeichnung der Larve als „schwarz“ sprechen für das I. Stadium, die Granulierung des Pseudocercus und des 9. Segmentes aber mehr für das II. oder III. Stadium.

Eine weitere Beschreibung der Larve liefert dann R. Zang (57), der zum ersten Male die Aufzucht der Larve vom Ei ab durchführte. Er unterscheidet jedoch nicht die drei Stadien — die Zucht ging ihm ein — und gibt auch nicht an, welches Stadium seiner Abhandlung zugrunde liegt. Er nennt die Larve „halb erwachsen“. Die Größenangabe spricht zwar für das II. Stadium, doch lag seiner Messung zweifellos eine gesättigte Larve des I. Stadiums zugrunde, denn die fehlende Bedornung der Tarsen auf der Unterseite, die hakig gebogenen Retinacula wie die Betonung der schwarzen Farbe sind kennzeichnend für die Primärlarve. Gleichzeitig teilt er einiges über die Biologie der Imago mit und schildert kurz die Aufzucht. Die Zeichnungen sind stark schematisiert und lassen selbst grundlegende Artmerkmale vermissen, wie die Zweiteilung der Labialpalpen und die Vorspitzen der Pseudocerci. Die Form des Clypeus paßt zu keinem der drei Stadien, denn ein derartig geradlinig gestutzter Rand kommt nicht vor. Auch ist der Kopf zu groß gezeichnet, desgleichen die Antennen und Mundteile. Somit sind die Zeichnungen wenig brauchbar.

Verhoeff (52) führt die Larve von *Car. nemoralis* in seinem Bestimmungsschlüssel der Carabenlarven auf, der sich auf das I. Stadium bezieht und unter Berücksichtigung der wichtigsten Artmerkmale aufgebaut ist. Ferner bildet er einen Pseudocercus und ein Pleuropod der Larve ab. Lapouge erwähnt ebenfalls *Car. nemoralis* in seinem Bestimmungsschlüssel, legt diesem aber das III. Stadium unter Berücksichtigung weniger hervorstechender Eigenschaften zugrunde. Leider war mir ein Teil seiner Schriften nicht zugänglich, in denen etwa noch besondere Einzelheiten über *Car. nemoralis* aufgeführt sein könnten.

WEBER (53) bildet in seiner Schrift „Zur Kenntnis der *Carabus*-Larven" die Unterseite der fünf ersten Segmente des Abdomens ab, um die Wichtigkeit der Ventralseite für die Artunterscheidung hervorzuheben.

WEBER (54) teilt in einem kleinen Aufsatz einiges über die Biologie der Imago und die Eiablage mit. Befremdend ist, daß er *Car. nemoralis* nicht als eigentliches Nacht- und Dämmerungstier bezeichnen will.

KERN (39) teilt in seiner Schrift „Beiträge zur Biologie der Caraben" einiges über die Copulation und Eiablage von *Car. nemoralis* mit.

KOLBE (40) gibt eine ausführliche Beschreibung der Puppe, die er in einem Garten fand und deren Zugehörigkeit zu *Car. nemoralis* er durch Schlüpfen des Käfers sicherstellen konnte.

Somit ist also eine Unterscheidung der drei Larvenstadien nirgends vorhanden, desgleichen fehlt eine zusammenhängende Schilderung der Biologie von Imago und Larve. Daß etwa eine gesonderte Betrachtung der einzelnen Stadien nicht nötig wäre, da diese sich — wie LAPOUGE allgemein über die Carabenlarven schreibt — ja doch nur durch die Größe unterschieden, wird durch die weiter unten folgende Beschreibung klar widerlegt. Ja, die Betonung v. LENGERKENS, daß die Sternite des III. Stadiums bei *Carabus auratus* L. sich im Gegensatz zu denen des I. und II. Stadiums so verändert hätten, „daß man eine andere Art vor sich zu haben glaubt", beweist die Unrichtigkeit der Meinung von LAPOUGE.

IV. Die Aufzucht.

Um den bereits erwähnten Schwierigkeiten der Aufzucht erfolgreich zu begegnen, war es nötig, eine möglichst große Zahl von Imagines zu benutzen. Da im ersten Jahre meines Zuchtversuches sämtliche Käfer infolge Gregarinenbefalls eingingen, war schon aus diesem Grunde das Ausgangsmaterial für die neuerlichen Untersuchungen nicht zu klein zu bemessen. Des weiteren hielt ich es für nötig, die Tiere paarweise zu isolieren und nicht — wie ich es im ersten Jahre tat — in einem großen Glashafen mehrere Individuen gleichzeitig unterzubringen. Nur so konnte sich eine Übertragung der erwähnten verheerenden Seuche von bereits infizierten Tieren auf gesunde vermeiden oder doch wenigstens stark einschränken lassen.

Finkenkrug bei Berlin mit seinem Laubwald und seiner beträchtlichen Feuchtigkeit kann als eine Fundgrube für *Car. nemoralis* gelten. Hier suchen sich die Käfer für den Winterschlaf die zahllos vorhandenen Baumstubben aus und konzentrieren sich besonders in den feuchtesten Stümpfen, deren Zersetzung noch nicht so weit vor sich gegangen ist, daß sich bereits Humuserde gebildet hat, andererseits aber doch schon so weit gediehen ist, daß das Holz nur noch eine zusammenhangslose bräunliche und feuchte Masse bildet, die dem eindringenden Tiere keinen ernstlichen Widerstand mehr bereitet.

Die Glasgefäße, die zur Unterbringung der erbeuteten Tiere dienten, wurden mit einer 2—3 cm dicken Schicht grober Humuserde, mit Holz- und Rindenstückchen vermengt, beschickt. Bei steter Feuchthaltung ist dieses Material gut krümelig und bereitet den Tieren beim Eingraben keine Schwierigkeiten. Da Humuserde meist sehr viel Keime enthält, wurde sie vor Verwendung durch Kochen keimfrei gemacht.

Die Fütterung der Tiere bestand im ersten Jahre der Versuchsanstellung aus Fleisch, Regen- und Mehlwürmern, Schnecken und Bananenscheiben, im zweiten Jahre aber, um alles zu vermeiden, was einem erneuten Ausbruch der Gregarineninfektion Vorschub leisten könnte, aus Fleisch und Bananenstücken, da Regen-

und Mehlwürmer wie auch Schnecken oft Träger von Gregarinen sind. Wird die Erde stetig feucht gehalten, erübrigt sich ein besonderes Trinknäpfchen für die Tiere. Nur für alte Exemplare erweist sich ein kleines Trinkgefäß als nötig, da diese bei abnehmender Nahrungsaufnahme verstärkt trinken, ja oft stundenlang an dem Näpfchen sitzen.

Die abgelegten Eier entnahm ich regelmäßig dem Gefäß, sobald sich das Weibchen wieder an der Oberfläche zeigte, und zwar mittels eines feuchten Pinsels, den ich mit breit auseinander gefalteten Haaren unter das Ei schob, um es in ein Gefäß mit fein gesiebter feuchter Humuserde zu übertragen. Daß die spätere Ventralseite nach oben zu liegen kommt — wie KIRCHNER für *Car. cancellatus* fordert — ist anfänglich nicht nötig. Man kann die Ventralseite auch in der ersten Zeit gar nicht mit bloßem Auge erkennen, da das Ei gleichmäßig oval erscheint. Später allerdings, wenn sich erst die Nierenform des Eies ausbildet, ist auch darauf zu achten, um das Ei in die Stellung zu bringen, die ihm bei der Ablage seitens des Käfers gegeben wird. Ebenso wie bei *Car. cancellatus* liegen auch bei *Car. nemoralis* die abgelegten Eier in der Regel mit der Ventralseite nach oben.

Um eine möglichst konstante Feuchtigkeit zu erhalten, bedeckte ich die Gefäße zur Hälfte bis dreiviertel mit einer Glasplatte. Die Gefäße vollständig zu bedecken, ist infolge Schimmelgefahr zu vermeiden. So untergebracht, ließen sich die Eier bei gewisser Vorsicht leicht herausholen und auf etwaige Veränderungen hin täglich beobachten, da die feine Humuserde sich mit einem Pinsel leicht entfernen läßt, ohne daß das Ei verletzt wird. Mittels farbiger Zettel markierte ich mir jedesmal auf der Oberfläche die Lage des Eies. Die zur Beobachtung herausgeholten und auf einen Objektträger gelegten Eier betupfte ich ständig mit einem feuchten Pinsel, da sie sonst sehr schnell austrocknen.

Die ausgeschlüpften Larven isolierte ich sogleich, um Kannibalismus zu verhüten. Die Fütterung bestand aus bereits angeführten Gründen lediglich aus Fleich, das stets frisch gereicht und gern gefressen wurde.

Bei der ersten Nahrungsaufnahme machten die Larven keine Schwierigkeiten, wie es v. LENGERKEN für *Car. auratus* berichtet. Nur eine Larve verendete infolge von Nahrungsverweigerung. Um sie zur Nahrungsaufnahme anzuregen, ging ich unter Berücksichtigung des bekannten, starken Feuchtigkeitsbedürfnisses folgendermaßen vor: Ich setzte am 2. und 3. Tage die Larven für einige Zeit in einen völlig trockenen Behälter. Hier rannten sie unaufhörlich umher, als ob sie sich totlaufen wollten. Brachte ich sie in ihr Gefäß zurück und setzte sie dicht vor ein mit Wasser stark angefeuchtetes Stück Fleisch, schlugen sie sofort ihre Mandibeln ein, verweilten so einige Augenblicke und verschwanden, ohne allerdings schon jetzt wirklich gefressen zu haben. — Auch bei den Larven erübrigt sich ein Trinknäpfchen, sofern die Erde gut feucht gehalten wird. Die Schwierigkeiten der Aufzucht entstanden bei meinen Larven erst bei der Häutung vom I. zum II. Larvenstadium, vergrößerten sich bei der Häutung vom II. zum III. und wurden unüberwindlich beim Übergang vom III. zum Puppenstadium. Wenn die Zeit zur Häutung gekommen war, machten die stark aufgedunsenen Larven des III. Stadiums einen völlig steifen Eindruck, rollten sich durch drehende Bewegungen ohne Zuhilfenahme der Beine weiter, standen oft senkrecht in der Erde, zur Hälfte heraussehend, und gingen sämtlich ein.

V. Biologie der Imago.

Carabus nemoralis MÜLL. ist ein echtes Nachttier. Erst bei eintretender Dunkelheit verläßt der Käfer sein Versteck, um auf Raub auszugehen. Tagsüber sitzt er unter Steinen, Moos und Laub, wo sich gerade ein passender und feuchter Schlupfwinkel findet, oder gräbt sich in die Erde ein. Maßgebend für die Tiefe ist der Feuchtigkeitsgehalt des Bodens, da er, wie alle Caraben, gegen längere Trockenheit empfindlich ist. In feuchtem Boden genügt bereits eine Tiefe von 1—2 cm, während er in trockenem Erdreich 4 cm und tiefer hinab steigt.

Beim Eingraben zeigt er eine erstaunliche Kraftentfaltung. Hat er irgendeinen Spalt gefunden, schiebt er seinen Kopf vor, drückt das Erdreich durch Anheben des Kopfes beiseite, sich gleichzeitig mit den Vorderbeinen kräftig abstemmend, und zwängt sich in das so entstehende Loch wie ein Keil hinein. Unter stetem Heben und Senken des Kopfes arbeitet er sich weiter, bis er die gewünschte Tiefe erreicht hat. Hierbei vermag er Holz und Moosplaggen anzuheben, die ein Vielfaches seines Eigengewichtes ausmachen. Die Art des Eingrabens macht es erklärlich, daß er in harten, verkrusteten Boden nicht eindringen kann, da er hier das Erdreich nicht beiseite zu drücken vermag. Ferner macht ihm das Eindringen in trockenen, pulverigen Boden sehr große Schwierigkeiten, da er sich nirgends abstemmen kann. Seine Beine führen dann zappelnde Bewegungen aus, ohne einen Halt zu finden, so daß eine flache Mulde entsteht, die ihm schließlich bei zunehmender Vertiefung doch noch unter Umständen ein Eindringen ermöglichen kann. Oft begnügt er sich nach längeren vergeblichen Versuchen damit, nur seinen Kopf unter irgendein Erdstückchen zu stecken. Mithin ist seine Grabfähigkeit nicht sehr bedeutend. Das Weibchen übertrifft das Männchen jedoch an Grabfähigkeit etwas. So fand ich von 7 Weibchen und 6 Männchen, die ich in ein Gefäß mit pulveriger Erde setzte, am nächsten Tage die Weibchen bis auf 1 sämtlich eingegraben, während die Männchen auf der Oberfläche saßen. Als die Männchen unter günstigere Verhältnisse gebracht wurden, fand ich am folgenden Tage auch diese eingegraben.

Der Aufenthalt unter der Erde dient lediglich der Feuchterhaltung des Körpers, dem Schutz und Ruhebedürfnis sowie dem Weibchen vor allem zur Eiablage, niemals aber etwa räuberischer Betätigung. Dieser geht er lediglich auf der Erdoberfläche nach. So konnten zwei Mehlwürmer wie einige Regenwürmer, die ich in ein mit mehreren Caraben besetztes Gefäß brachte, unbehelligt fortleben, da sie sich nur unterirdisch aufhielten. Nur wenn ihm ein Beutestück entflieht und sich rasch eingräbt, senkt er seinen Kopf hier und da ins Erdreich, ohne aber nachzudringen. In der Regel glückt es daher dem Flüchtling, sich dem Räuber zu entziehen, sofern er schnell genug im Boden verschwindet. Hat der Räuber aber einmal zugepackt, so ist die Beute meist für ihn gesichert. Die Mandibeln schnappen wie ein Schloß zu, und das Opfer kann seinen Peiniger nicht mehr abschütteln, selbst dann nicht, wenn es ihn auch noch so sehr hin und her schleudert, wie man es bei starken Regenwürmern beobachten kann. Innerhalb kürzester Zeit ist dem Wurm eine klaffende Wunde beigebracht, und der ausgespiene Saft des Räubers lähmt das Opfer bald vollends, so daß sich der Käfer nun ungestört dem Fraße widmen kann. Die scharfen Spitzen sowie die rissigen Seitenkanten des Oberkiefers machen die schnelle und erhebliche Verwundung der Beute erklärlich.

Der ausgespiene Saft dient nicht nur zur Lähmung des Beutetieres, sondern auch zur raschen und gründlichen Zersetzung der Nahrung. Denn Käfer wie Larve können infolge ihrer eigentümlich ausgebildeten Mundteile nur flüssige Nahrung zu sich nehmen; feste Stoffe würden in dem dichten Borstengewirr, das den Weg zur Mundhöhle auskleidet und wie eine Reuse wirkt, zurückgehalten werden. VERHOEFF bestreitet zwar die extraintestinale Verdauung und meint: „Der Magensaft ersetzt vielmehr den Speichel und erleichtert das Verschlucken der einzelnen abgebissenen Stücke." Jedoch läßt sich unter entsprechender Vergrößerung deutlich beobachten, daß die Mandibeln keinesfalls Stücke „abreißen", sondern lediglich den Nahrungsbrocken durchwalken und durchkneten, gleichsam um etwas herauszupressen. Stets sucht sich daher der Käfer bei Beginn des Fraßes irgendeinen hervorspringenden Zipfel oder eine Kante, die der Breite seiner geöffneten Mandibeln entsprechen. Setzt man ihm ein allseitig glattes Stück Fleisch vor, sucht er erst eine Zeitlang eine passende Ansatzstelle, um endlich nach vergeblichem Abtasten seine Mandibeln einzuschlagen. An den energischen und ruckweisen Bewegungen des Kopfes wie des ganzen Körpers merkt man, welch erheblicher Kraftaufwand für die Inangriffnahme nötig ist. Aber schon nach wenigen Augenblicken hat der Räuber einen kleinen Wall herausgearbeitet, den er hin und her fahrend mit den Mandibeln kräftig durchknetet, bis scheinbar nichts mehr herauszupressen und eine neue Stelle in Angriff zu nehmen ist. Nach einiger Zeit erweist sich die vorher glatte Fläche als stark gerunzelt, da überall durchknetete Wälle entstanden sind. Bei dieser Knetarbeit setzt neben der gestaltlichen Veränderung auch ein sichtbarer Farbwechsel sowie eine stoffliche Umwandlung der Nahrung ein. Die vorher zähe Masse des Fleisches geht allmählich in einen schleimigen, farblosen Brei über, Fett verwandelt sich in eine Emulsion und läßt schaumigen Gischt an den Mandibeln entstehen, Apfel- wie Birnenstücke nehmen in viel kürzerer Zeit als die der Luft ausgesetzten Stücke braune Farbe an. Die Ursache all dieser stofflichen Umwandlungen muß ein mit Fermenten versehenes Sekret des Tieres sein, das es über die Nahrung ergießt. In der Tat konnte ich deutlich beobachten, wie von Zeit zu Zeit eine in der Regel farblose Flüssigkeit sich über die Nahrung ergoß, zu Beginn des Fraßes häufiger, später nachlassend. Da sie beim Öffnen der Mandibeln ausströmte, konnte sie nicht etwa der Nahrung entstammen. Im Gegensatz zu *nemoralis* ließ sich bei *C. violaceus* L. und

Procrustes coriaceus L. vorwiegend das Ausspeien eines *braunen* Saftes deutlich beobachten, der sich wie eine dunkle Wolke zu Beginn der Nahrungsaufnahme alle Augenblicke über die Beute ergoß und die Fraßstelle braun färbte. Freilich gab ein *violaceus*-Männchen — in ein Essig-Ätherröhrchen gebracht —einen farblosen Saft von sich, während wiederum ein *nemoralis*-Männchen einen tiefbraunen in erheblichen Quantitäten ausspie. Somit scheint die Farbe des Saftes zu wechseln.

Die Menge des sezernierten Saftes ist abhängig von der Verdaulichkeit der Nahrung wie von der Lebensfähigkeit des Beutetieres. Bei sehr starke Abwehrbewegungen ausführenden Tieren werden daher ziemliche Quantitäten ergossen. Bei Fleisch wird mehr sezerniert als bei Obststücken, deren lockere Substanz leicht verdaulich ist. Daher erklärt sich auch das schnelle Anschwellen des Abdomens nach Genuß von Obst im Gegensatz zu Fleisch. Wenn auch dem Gesagten zufolge die extraintestinale Verdauung nicht eindeutig bewiesen ist, so sprechen doch das festgestellte Sekret, die lediglich der Knetarbeit dienende Mandibeltätigkeit, die stoffliche wie die färberische Umwandlung der Nahrung sowie der mit Borsten charakteristisch ausgekleidete Weg zur Mundhöhle so stark dafür, daß an ihr schlechterdings auch bei *nemoralis* nicht mehr zu zweifeln ist. Die extraintestinale Verdauung der *Carabus*-Imagines wurde bekanntlich erstmalig von JORDAN für *Car. auratus* nachgewiesen.

Sowohl der braune wie der farblose Saft sind von saurer Beschaffenheit — färben blaues Lackmuspapier rot — und rufen auf der Haut ein starkes Brennen hervor. Es läßt sich denken, daß er auf weichhäutige Feinde nicht ohne Einfluß ist.

Außer zur Lähmung wie zur Zersetzung der Beutetiere dient der Saft auch noch der Abwehr. Aufgenommene Tiere spritzen ihn weit von sich. Ein *Procrustes*-Weibchen spritzte ihn über 1 m weit.

Die Knetarbeit der Mandibeln macht es erklärlich, daß der Käfer nur weiche Nahrung zu sich nehmen kann. Alle lebenden Insekten, deren Körper mit einem festen Chitinpanzer umgeben ist, sind daher vor ihm sicher. Die weichhäutigen aber und nicht lückenlos gepanzerten sind verloren, sowie er ihrer habhaft wird. Schnecken, Würmer, Raupen — besonders die schädlichen, des Nachts hervorkommenden Eulenraupen — und andere auf der Erde lebende Larven bilden daher die Hauptnahrung. Aber auch Obst, sofern es weich ist, Fleisch und Fisch frißt er mit Behagen. Man kann daher fast sagen, daß er alles frißt, was sich mit den Mandibeln kneten läßt und was sein Verdauungssekret zu zersetzen vermag. Chitin ist für das Sekret unangreifbar, und es bleiben daher die chitinigen Hüllen der Beutetiere stets als Reste des Fraßes zurück. Mühelos bewältigt er solche Tiere, deren Körper er mit den Mandibeln umspannen kann. Ist er aber hierzu infolge der Breite des Opfers nicht in der Lage, so muß er sich erst eine passende Ansatzstelle suchen oder seine Zangen in die Beute mit erhöhtem Kraftaufwand hinein drücken. Da in beiden Fällen eine gewisse Zeit verstreicht, ist es größeren Tieren möglich, dem Räuber zu entkommen, sei es, daß sie enteilen, sei es, daß sie ihn durch ruckartige Körperbewegungen zurückstoßen.

Die Knetarbeit der Mundteile läßt sich unter entsprechender Vergrößerung gut beobachten. Während sich die Mandibeln nur öffnen und schließen können, vermögen die Maxillen eine etwa kreisförmige Bewegung auszuführen. Beim Öffnen gehen sie im Halbkreis nach außen vorn, beim Schließen legen sie sich mit den zu einer Bürste umgebildeten Lobi interni zusammen und bewegen sich in Richtung der Mundöffnung. Während die Mandibeln sich schließen, gleiten die Maxillen nach hinten, scheinbar, um den ausgepreßten Saft der Mundhöhle zuzuführen, öffnen sich und fahren im Bogen nach außen und umklammern aufs neue den Nahrungszipfel, ihn gleichzeitig festhaltend. Nun öffnen sich die Mandibeln, um sich sogleich wiederum zu schließen, und das Spiel wiederholt sich von neuem. Von oben betrachtet, sieht es so aus, als ob die Mandibeln und Maxillen genau alternierend arbeiteten, da man die rückläufige Bewegung der Maxillen bei geschlossener Mandibelstellung schlecht sehen kann.

Beim Verzehren von Tieren, die eine chitinige Hülle besitzen, läßt sich häufig ein knipsendes Geräusch vernehmen. Dieses rührt von den Mandibelspitzen her, die beim Durchbohren des Chitins aufeinander stoßen.

Die Gefräßigkeit der Käfer ist — wie man sich an frisch gefangenen Exemplaren überzeugen kann — erstaunlich. Dabei sind sie von einer Wildheit und einem Angriffsmut, der sie selbst vor bedeutend größeren Tieren nicht zurückschrecken läßt. So konnte ich beobachten, wie ein *nemoralis*-Weibchen sich wütend auf ein *Procrustes*-Männchen stürzte, als er es beim Fraß zu stören wagte. Von größeren Regenwürmern lassen sie sich — wie schon gesagt — herumschleudern, so daß sie bald unter ihnen, bald auf der Seite liegen, ohne im geringsten abgeschreckt zu werden. Oft entwickelt sich um die Beute ein wilder Kampf. Jeder Käfer stürzt mit gespreizten Mandibeln auf das Opfer zu, sucht es in ein sicheres Versteck zu bringen und fällt wütend über die Rivalen her, die ihm den Fraß nicht gönnen. Aber an dem allseitig glatten Panzer gleiten die Mandibeln ab, und so stürzen sich die Räuber erneut auf das Opfer, das nun nach allen Seiten auseinander gezogen wird. Dabei schlagen sie die Mandibeln so fest ein, daß man beim Aufheben des Nahrungsbrockens sämtliche Käfer mit hoch hebt. Oft beruhigen sich die Tiere und fressen gemeinsam zu mehreren an dem Raube, oft aber dauert der Kampf so lange, bis die Beute in mehrere Teile zerrissen ist, so daß jeder ein Stück sich aneignet und damit schleunigst verschwindet. Sehr erheblich ist die Kraft, mit der sie selbst Nahrungsbrocken fortschleppen, die ihr Gewicht

übertreffen. Mit erhobenem Kopf versuchen sie, den Brocken hoch-
haltend, fortzueilen, stolpern aber dabei oft mit den Vorderbeinen und
versuchen alsdann, den Bissen rückwärts zu ziehen. Will es auf keine
Weise glücken, fressen sie an Ort und Stelle. Bei dem Kampf der Räuber
untereinander glückt es häufig dem Opfer zu flüchten. Falls es sich aber
nicht schnell eingräbt oder sehr rasch enteilt, fällt es bald wieder den
Räubern anheim, die einen Augenblick mit schräg nach vorn gerichteten
Antennen „wittern“, um sich sogleich mit gespreizten Maxillar- und
Labialpalpen erneut auf die Suche zu begeben. Beim Fraße sieht man
sie oft auf der Seite liegen, mitunter sogar auf dem Rücken unter der
Beute, in der Regel aber über ihr sitzend. Wird der Käfer beim Fressen
gestört, so richtet er sich ruckartig auf und wendet den gepanzerten
Rücken in die Richtung der Gefahr. Kommt der Störenfried von der
anderen Seite, wird der Körper sofort entsprechend herumgeworfen.

Zur Zeit der höchsten Lebensintensität fressen sie oft 2 Stunden und
darüber, bis das Abdomen stark angeschwollen unter den Elytren hervor-
ragt. Dann aber ist ihre Wildheit verschwunden, schwerfällig schleppen
sie sich irgendeinem Verstecke zu oder graben sich ein. In der nächsten
Nacht aber erscheinen sie schon wieder und fressen aufs neue, obwohl
die Anschwellung des Hinterleibs noch keineswegs verschwunden ist.
Jedoch ist ihre Fraßzeit dann erheblich kürzer. Ein Weibchen, das frisch
gefangen 550 mg wog, hatte nach fast $2^1/_2$stündigem Fraß ein Gewicht
von 1005 mg, mithin also fast das Doppelte seines Anfangsgewichtes zugenommen. Das Abdomen ragte, sehr stark angeschwollen, unter den
Elytren hervor. Um die Menge der aufgenommenen Nahrung zu be-
stimmen, wurden mit 5 Pärchen Wägungen ausgeführt. Nachstehende
Tabelle zeigt, wie die Gewichtszunahme der Weibchen größer ist als die
der Männchen, und daß nach einer gewissen Hungerzeit die Abnahme
der Weibchen die der Männchen übertrifft. Gleichzeitig zeigt sie auch,
wie unregelmäßig die Nahrungsaufnahme vor sich geht, wie etwa am
24. IV. die Weibchen von A und D, und am 26. IV. das Weibchen von
E und das Männchen von B trotz voraufgegangenen Fastens keine Nahrung zu sich nehmen, sondern weiter abnehmen. Ob diese Abnormitäten
als Folgen der Gefangenschaft zu gelten haben oder etwa einer Ver-
seuchung — im August starben einige der gewogenen Tiere an Grega-
rinenbefall — mag dahingestellt sein.

Trotz des enormen Heißhungers, den die Tiere zeigen, können sie
wochenlang hungern, ohne Schaden zu nehmen. Voraussetzung ist nur,
daß sie in feuchter Erde leben. In trockene Erde gebracht, gehen sie ohne
Nahrung schon nach 3—4 Tagen ein.

Ihren Durst stillen die Käfer durch Einsaugen von Wassertropfen,
die an Gräsern oder Steinen haften, oder indem sie ihre Mandibeln in
das feuchte Erdreich schlagen und die Feuchtigkeit auspressen.

Tag der Gewichts-bestimmung	A		B		C		D		E	
	♂	♀	♂	♀	♂	♀	♂	♀	♂	♀
16. IV.	450 mg	485 mg	385 mg	550 mg	380 mg	530 mg	415 mg	545 mg	380 mg	670 mg
17. IV. (nach Fütterung mit Fleisch, 1. Fütterung nach Winterruhe)	505 mg (+55)	530 mg (+45)	495 mg (+110)	650 mg (+100)	530 mg (+150)	660 mg (+130)	455 mg (+40)	650 mg (+105)	405 mg (+25)	740 mg (+70)
18. IV. (nach Fütterung mit Bananen)	515 mg (+10)	545 mg (+15)	555 mg (+60)	695 mg (+45)	610 mg (+80)	715 mg (+55)	525 mg (+70)	675 mg (+25)	455 mg (+50)	830 mg (+90)
19. IV. (nach Fütterung mit Hackfleisch)	525 mg (+10)	600 mg (+55)	550 mg (−5)	700 mg (+5)	535 mg (+75)	780 mg (+65)	505 mg (−20)	700 mg (+25)	490 mg (+35)	800 mg (−30)
20. IV. (nach Fütterung mit Fischfleisch)	540 mg (+15)	565 mg (−35)	510 mg (−40)	815 mg (+115)	540 mg (+5)	755 mg (−25)	500 mg (−5)	795 mg (+95)	470 mg (−20)	850 mg (+50)
21. IV. (nach Fütterung mit Fleisch)	525 mg (−15)	615 mg (+50)	490 mg (−20)	850 mg (+35)	575 mg (+35)	870 mg (+125)	510 mg (+10)	800 mg (+5)	465 mg (−5)	775 mg (+75)
23. IV. (nach 48stündigem Fasten)	480 mg (−45)	495 mg (−120)	470 mg (−20)	705 mg (−145)	555 mg (−20)	735 mg (−135)	450 mg (−60)	710 mg (−90)	410 mg (−55)	755 mg (−20)
24. IV. (nach Fütterung mit Fleisch)	abhanden gekomm.	490 mg (−5)	500 mg (+30)	680 mg (+25)	595 mg (+40)	830 mg (+105)	460 mg (+10)	685 mg (−25)	480 mg (+70)	860 mg (+105)
25. IV. (nach 1tägigem Fasten)		470 mg (−20)	475 mg (−25)	645 mg (−35)	505 mg (−90)	760 mg (−70)	435 mg (−25)	665 mg (−20)	430 mg (−50)	795 mg (−65)
26. IV. (nach Fütterung mit Bananen)		470 mg (±0)	467 mg (−10)	745 mg (+100)	555 mg (+50)	795 mg (+35)	500 mg (+65)	695 mg (+30)	455 mg (+25)	790 mg (−5)
27. IV. (nach Fütterung mit Bananen)		510 mg (+40)	565 mg (+100)	695 mg (−50)	555 mg (±0)	775 mg (−20)	470 mg (−30)	720 mg (+25)	445 mg (−10)	800 mg (+10)
28. IV. (nach Fütterung mit Fleisch)		490 mg (−20)	470 mg (−95)	700 mg (−5)	525 mg (−30)	740 mg (−30)	470 mg (±0)	670 mg (−50)	420 mg (−25)	765 mg (−35)

Die Frage, ob Kannibalismus vorkommt, läßt sich dahin beantworten, daß er eintritt, sofern sich nur für die Mandibeln eine geeignete Ansatzstelle bietet. Diese ist aber nur in drei Fällen gegeben: einmal bei der Copula, wenn Weibchen und Männchen ihr Abdomen tubusartig ausstrecken und so die Weichteile ungeschützt hervortreten lassen, zweitens bei Verletzung des Chitinpanzers und drittens bei starker Anschwellung des Abdomens nach dem Fraß. Da die glatte und breite Oberseite des Hinterleibs ein Einschlagen der Mandibeln sehr erschwert und Tiere mit angeschwollenem Abdomen sich in der Regel sehr bald einzugraben pflegen, da ferner Verletzungen des Chitinpanzers Ausnahmen sind, kommen die beiden letzten Fälle kaum in Betracht, und so bleibt nur der erste übrig. Bei *nemoralis* habe ich Kannibalismus nicht beobachten können — hielt ich doch die Tiere paarweise isoliert —, wohl aber bei *auratus* und *Pterostichus niger* Schall. Ein Männchen von *auratus*, dessen Elytren auseinanderklafften, wurde von seinen Artgenossen vollständig aufgefressen, und ein *Pterostichus*-Männchen wurde bei der Copula von einem anderen mit den Mandibeln gepackt und ebenfalls verspeist. Sonst habe ich zwar oft gesehen, wie Artgenossen sich wütend angriffen und ihre Mandibeln einzuschlagen suchten, aber da der allseitig glatte Panzer keine Angriffsfläche bot, trennten sie sich sehr bald wieder. Aus dem gleichen Grunde können daher auch Caraben von so verschiedener Größe wie *Procrustes coriaceus* L. und *Carabus nitens* L. oder *convexus* Fbr. unbehelligt nebeneinander leben, da die Angriffsmöglichkeiten zu beschränkt sind.

Die Caraben leben *nicht* gesellig. Findet man sie an Fraßstücken gemeinsam sich sättigend oder in Baumstümpfen gemeinsam überwinternd, so ist das ein zufälliges Zusammentreffen, bedingt durch häufiges Vorkommen.

Das Sehvermögen des Käfers scheint nur eine untergeordnete Rolle zu spielen. Wenigstens habe ich nie beobachtet, daß er auf helle und bewegte Gegenstände irgendwie reagierte. Nur grub er sich sehr schnell ein, wenn er plötzlich dem Sonnenlicht ausgesetzt wurde. Als nächtlicher Räuber kann er ja ein gutes Sehvermögen mehr oder minder entbehren. Sein Geruchsvermögen ist nicht übermäßig stark ausgebildet. Er nimmt eigentlich nur Dinge wahr, die er unmittelbar mit seinen Palpen betastet. Aber auch diese Substrate müssen geruchlich irgendwie besonders hervortreten, sonst übersieht er sie gleichfalls. So sah ich oft, daß Mehlwürmer unmittelbar vor den Mundteilen vorbeikriechen konnten, ohne daß der Käfer reagierte. Erst als ich sie mit Bananensaft bestrichen hatte, bemerkte er sie und fiel über sie her. Geruchlich stärker differenzierte Nahrung wie Schnecken, besonders aber Fleisch und Fisch vermag er auch aus einer gewissen Entfernung wahrzunehmen. So reagierten die Tiere, die in der Gefangenschaft immer an der Gefäßwand entlang laufen, vielfach deutlich, wenn ein Stück Fleisch in die Mitte ihres Behälters gelegt war. Sie wandten sich, eifrig die Fühler bewegend, in Richtung des Nahrungsbrockens. Ob sie Gehörsinn besitzen, konnte ich nicht feststellen. Zwar wurden bei Kämpfen zwischen den Räubern und Beutetieren abseits stehende sofort aufmerksam, blieben einen Augenblick wie erstarrt stehen und eilten dann dem Kampfplatz zu. Aber ebensogut wie durch Gehörwahrnehmung könnten sie in solchen Fällen auch durch Geruchswahrnehmung herbeigelockt worden sein, denn verwundete Beutetiere, noch mehr aber ihr eigener Verdauungssaft sind zweifellos geruchlich stark wirksam. Der Käfer kann mithin nur dadurch sich Nahrung verschaffen, daß er sein Jagdrevier gleichsam systematisch abläuft und dabei alles, was ihm begegnet, mit den Palpen betastet. Die schnelle Bewegungsfähigkeit wie das Tastvermögen sind mithin die Grundlagen des Nahrungserwerbs. v. LENGERKEN hat für *Car. auratus* treffend geschildert, wie der Käfer sich dem Prinzip der Schrotflinte anpaßt, indem er ständig geradeaus läuft, bis er auf ein Hindernis stößt, alsdann abbiegt und wieder geradeaus läuft, und daß die Wahrscheinlichkeit „während eines schnell und geradlinig zurückgelegten Weges eine zusagende Nahrung zu finden" nicht gering ist.

Wie bereits erwähnt, überwintern die Imagines in morschen Baumstümpfen oder in der Erde unter Moos oder Laub. Ihre Widerstandsfähigkeit gegen Frost ist erstaunlich. Den strengen Winter 1928/29, in dem Nachtfröste von — 25^0 keine Seltenheit waren, ertrugen sie ohne weiteres, obwohl einige — wie ich in Finkenkrug (bei Berlin) feststellte — nur von einer kaum 1 cm messenden Moosschicht bedeckt und allseitig mit kleinen Eiskristallen umgeben waren. Holt man sie heraus, sind sie völlig starr, aber sowie man sie anhaucht, kehrt spontan das Leben zurück, und eilig suchen sie zu flüchten. Ja, einige Individuen kopulierten bereits auf der Rückfahrt von Finkenkrug in den Fangbehältern, obwohl oft kaum 1 Stunde seit ihrem Aufenthalt in der starken Kälte verstrichen war. In der Erde überwintern sie in einer Tiefe von 4—6 cm. 9 Tiere, die ich in einem mit einer 15 cm starken Erdschicht angefüllten Behälter ins Freie stellte, waren sämtlich in dieser Tiefenlage eingegraben.

Der Winterschlaf wird von lebenskräftigen Individuen auch dann in gewissem Grade eingehalten, wenn man die Käfer in warme Umgebung versetzt. So verweigerten 5 Individuen, die ich in einen Behälter mit 12 cm starker Erdschicht gebracht und im Warmen aufgestellt hatte, von Mitte November bis zum 19. Februar jegliche Nahrung, kamen aber von Zeit zu Zeit an die Oberfläche, wie an Papierstreifen festzustellen war, die ich in regelmäßiger Anordnung auf die Erdoberfläche ausgelegt hatte. Die sie umgebende Wärme — durchschnittlich $+ 13^0$ C — schien sie nicht recht zur vollen Ruhe kommen zu lassen. Um so erstaunlicher

ist es, daß sie trotz des unruhigen Winterschlafes erst im Februar wieder
Nahrung zu sich nahmen. Freilich machten sie einen sehr erschöpften
Eindruck. Die durch die anormale Wärme bedingte erhöhte Stoffum-
setzung des Körpers war eben doch anormal groß. Erst nach dem Fraß
kehrte die gewohnte Lebendigkeit wieder zurück. Ebenso konnte ich
bei einem *glabratus*-Männchen und einigen Individuen von *violaceus*, die
sämtlich im zweiten Winter lebten, feststellen, daß sie sich zu verschie-
denen Zeiten eingruben und — allerdings nur für 3—4 Wochen — nicht
zum Vorschein kamen. Andere wiederum, die auch im zweiten Winter
waren, hielten keinen Winterschlaf. Das Bedürfnis nach winterlicher
Ruhezeit scheint also mit zunehmendem Alter abzunehmen.

Außer einem Winterschlaf scheint *nemoralis* — wenigstens in der Gefangenschaft — auch einen Sommerschlaf zu halten. Denn Mitte bis
Ende Mai verschwanden plötzlich nacheinander sämtliche Tiere — mir
standen 60 Exemplare zur Verfügung — und kamen erst Mitte Juli nach
und nach wieder zum Vorschein, ohne in der Zwischenzeit etwas gefressen
zu haben. Nur ab und zu zeigte sich einmal ein Individuum, um sich
alsbald wieder einzugraben. WEBER (54) machte die gleiche Beobachtung. Vom Juni bis in den August hinein kamen seine Tiere weder bei
Tag noch bei Nacht aus ihrem Versteck. Auch er meint, es handele sich
,,um eine Art von Sommerschlaf". Ob die Tiere in der Natur ebenfalls
einen solchen halten, mag dahingestellt sein. Ich kann nur mitteilen,
daß ich Anfang Juli kein einziges Exemplar erbeuten konnte, obwohl ich
die Köderbecher da aufstellte, wo ich im Winter ausgiebige Fänge machte.
Zwei am 20. V. gefangene Exemplare von *nemoralis* gruben sich bereits
nach Ablauf etwa einer Woche ein, ohne vor Juli wieder zu erscheinen.
Da es sich in diesem Falle um unmittelbar der Freiheit entstammende,
noch nicht durch die Gefangenschaft beeinflußte Tiere handelt, ist im
Verein mit obiger Mitteilung anzunehmen, daß *nemoralis* auch in der
Freiheit einen Sommerschlaf hält.

Die Ende Juli wieder zum Vorschein gekommenen Tiere machten
einen stark gealterten Eindruck. So fehlten bei vielen Glieder von Extremitäten oder Antennen, und auch ihre Lebensregung war stark herabgesetzt. Die Männchen kopulierten nicht mehr. Ein Fraß bis zu starker
Abdominalanschwellung kam nur noch selten vor. Viele verließen ihr
Versteck nur, wenn man sie aufstöberte oder die Erde anfeuchtete,
griffen alsdann vorgelegte Brocken sehr energisch an, aber fraßen vielfach nur kurze Zeit. Manche blieben mit in die Nahrung eingeschlagenen
Mandibeln regungslos sitzen, um sich erst bei Eintreten des Tages einzugraben. Während sie sich sonst jede Nacht auf Beute stürzten, reichte
jetzt bei den gealterten Tieren eine Nahrungsaufnahme für längere Zeit
aus. Trotz alledem waren sie — wenigstens August / Anfang September
— noch außerordentlich rasch und behende, sobald man sie aufstöberte,

griffen Mehlwürmer energisch an und versuchten mit aller Kraft, selbst größere Nahrungsbrocken fortzuschleppen. Mithin scheint das Leben der Tiere vor Beginn der sommerlichen Ruhezeit seinen Höhepunkt erreicht zu haben und danach allmählich zu erlöschen. Im Gegensatz zu *nemoralis* erwies sich aber ein Pärchen von *Procrustes* nach dem Sommerschlaf als bedeutend lebhafter, denn es fraß viel intensiver, ja kopulierte sogar sehr häufig, was ich im Frühjahr nicht beobachten konnte.

Die Copulation fällt in den Herbst sowie in die Monate März bis Mai. Ob sie auch schon im Spätsommer stattfindet, habe ich nicht feststellen können, da mir Jungkäfer zu dieser Zeit nicht zur Verfügung standen. Doch wird es zweifellos der Fall sein, da mit dem Schlüpfen der Jungkäfer immerhin schon im Juli zu rechnen ist. Die Copulation findet der Lebensweise des Tieres entsprechend nur des Nachts statt und dauert mehrere Minuten bis zu vielen Stunden. Ja, einmal habe ich sogar beobachtet, daß ein Pärchen, dessen Copula ich abends sah, noch am Nachmittag des nächsten Tages in der Begattungsstellung verharrte. Vielfach geht die Copulation so vor sich, daß der männliche Käfer den Fraß plötzlich unterbricht und sich auf die Suche nach einem Weibchen begibt. Hat er eine Partnerin gefunden, so betastet er sie mit den Palpen und stürzt sich sofort von hinten auf ihren Rücken, mit seinen Antennen eifrig die des Weibchens betrillernd. Hierbei entsteht ein deutlich vernehmbares, knisterndes Geräusch, das durch das Streichen seiner bedornten Tibien über die Elytren des Weibchens verursacht wird. Mit den an der Unterseite der Vordertarsen befindlichen Haftfilzen hält er sich zwischen Brust und Abdomen des Weibchens fest, mit den Hinterbeinen stützt er sich auf die Erde, während die Mittelbeine das Abdomen des Weibchens umklammern, sich mit den Dornen der Tibien auf den Rand der Elytren stützen oder ebenfalls auf dem Boden stehen. „Der schräg seitlich vorgestülpte Penis tastet nach der Vaginalöffnung des etwas vorquellenden Abdominalendes“ (v. Lengerken), wobei die Hinterleibssegmente fernrohrartig auseinandergezogen werden. Entweder bleibt das Pärchen alsdann ruhig sitzen, oder das Weibchen begibt sich auf die Nahrungssuche, das Männchen mit sich schleppend. Hat es sich satt gefressen, bleibt es auf der Oberfläche oder sucht sich einzugraben. Dieses bereitet ihm naturgemäß große Schwierigkeiten, da es noch immer das Männchen auf dem Rücken trägt. Infolge der lockeren Humuserde aber, in der sich meine Tiere befanden, gelang es ihm häufig; denn mehrere Male habe ich feststellen können, wie das Pärchen — obwohl vollkommen eingegraben — noch immer in der Begattungsstellung verharrte. Das Männchen frißt während der Copula nie, sondern sitzt regungslos auf dem Weibchen, die Antennen rückwärts an den Körper gelegt. Weibchen, die copulationslustige Männchen abweisen, richten sich auf und drücken ihr Abdominalende in die Erde. Da die Copulationslust der Männchen sich bis zum Beginn des Sommerschlafes erstreckt, wurden als Folge der Gefangenschaft und der pärchenweisen Isolierung die Weibchen von denselben Männchen unzählige Male begattet.

Die Eiablage begann bei meinen Untersuchungsobjekten am 26. März und endete Anfang Mai. Diese Daten stimmen mit den von P. Kern gefundenen gut überein. *Nemoralis* ist daher ein Frühbrüter. Daß das Weibchen schon im Spätsommer oder Herbst Eier ablegt, ist kaum anzunehmen, immerhin aber als Ausnahme durchaus möglich, kann doch in günstigen Jahren das Schlüpfen des Jungkäfers sehr wohl schon im Juni erfolgen. Auch fand Kern bereits im Februar nach mildem Winter in dem Eierstock eines Weibchens fast legereife Eier. Überwinternd aufgefundene Larven wie das von Xambeu im November gefundene Ei und die von Kolbe im April gefundene Puppe sprechen gleichfalls für die Möglichkeit einer Eiablage im Spätsommer. In Ostpreußen beginnt die Eiablage erst im Mai — wie v. Lengerken feststellte — und setzt sich in den Juni fort[1].

Die Eier werden einzeln in kleine Hohlräume in der Erde abgelegt, welche von dem Weibchen mit Hilfe des Abdomens hergestellt werden. In der Freiheit beträgt die Tiefenlage wohl 4—6 cm, in den Behältern, die mit einer Erdschicht von nur 2—3 cm bedeckt waren, lagen sie unmittelbar auf dem Grunde. Manche allerdings befanden sich in noch geringerer Tiefe, so daß plötzlich die Larven erschienen, ohne daß die Eier gesehen waren. Sie liegen parallel der Erdoberfläche, die spätere Ventralseite in der Regel nach oben. Eier, die auf der Erde abgelegt waren, erwiesen sich ohne Ausnahme als nicht entwicklungsfähig.

Wie Kern feststellte, zeigen sich die Ovarien innerhalb der gleichen Spezies, ja selbst bei Tieren der gleichen Örtlichkeit als verschieden weit entwickelt. „Ähnliche Unterschiede zeigen sich beim Vergleich beider Ovarien desselben Tieres und der Eiröhren eines Ovariums; und so ist zu verstehen, daß die Eier eines *Carabus*-Weibchens in mehreren ziemlich rasch aufeinander folgenden Sätzen abgelegt werden." Kern teilt die Eizahl von 3 *nemoralis*-Weibchen mit:

1. Paar		*2. Paar*		*3. Paar*	
3. IV.	Copula	19. IV.	Copula	25. IV.	gepaart
7. IV.	20 Eier	24. IV.	Copula	26. IV.	Copula
8. IV.	Copula	20. V.	11 Eier	13. V.	7 Eier
2. V.	20 Eier		11 Eier	27. V.	7 Eier
10. V.	6 Eier				14 Eier
13. V.	4 Eier				
21. V.	1 Ei				
	51 Eier				

---

[1] Wie groß der Einfluß des Klimas auf die Zeit der Eiablage ist, erhellt deutlich aus der Beobachtung von Heymons, welcher feststellte, daß eine Larve von *Car. auroniteus* in den Kärntner Alpen in etwas über 1200 m Höhe am 17. August 1929 aus dem Ei schlüpfte. (Mündliche Mitteilung.)

Die geringe Zahl von Eiern beim 2. und 3. Paar sieht Kern als Folge zu spät begonnenen Versuches an, da die meisten Eier wohl bereits vorher im Freien abgelegt worden waren.

Ob infolge dieser periodenweisen Eiablage eine wiederholte Copulation nötig ist, bedarf noch weiterer Untersuchung. Oertel (49) teilt von einem *nemoralis*-Weibchen mit, daß es zwei befruchtete Eiersätze (je 8—10 Stück) ablegte, ohne inzwischen erneut begattet zu sein. Von einem anderen Weibchen berichtet er, daß es ebenfalls 2 Eiersätze in den Boden ablegte, danach aber infolge Fehlens eines Männchens alle Eier auf die Erdoberfläche ablegte. Mindestens macht „die individuell verschiedene Eireifung eine permanente Zeugungskraft der Männchen notwendig", wie v. Lengerken hervorhebt. „Die schnelle Aufeinanderfolge der Eiersätze wird nach Kern durch die ‚große Anzahl der in den einzelnen Nährkammern enthaltenen Nährzellen' ermöglicht." So fand er bei *nemoralis* 54 Nährzellen in einer Nährkammer.

Von meinen Untersuchungsobjekten kann ich trotz der großen Zahl, die mir zur Verfügung stand, und trotz der häufigen Copulation, die ich im Herbst sowohl wie von März bis Ende Mai beobachtete, über die Ablage von Eiersätzen nichts berichten, da die Höchstzahl der von einem Weibchen abgelegten Eier nur 4 betrug und von vielen Weibchen überhaupt keine Eier abgelegt wurden. Die Ursache ist mir nicht erklärlich, zumal Kern sowohl wie auch Zang über große Zahlen von abgelegten Eiern berichten und auch v. Lengerken in Ostpreußen die Art leicht züchten konnte.

Die Lebensdauer von *nemoralis* wird — wie wohl bei den meisten Caraben — mit Beginn des zweiten Winters ihr Ende erreichen. Wie bereits erwähnt, machen die Tiere nach dem Sommerschlaf einen stark gealterten Eindruck. Vielfach fehlen ihnen Glieder der Extremitäten oder Antennen. Die Tarsen sind, anstatt in der Verlängerung der Tibien zu stehen, oft seitlich gebogen. Ihr Nahrungsbedürfnis ist stark herabgesetzt. Es haftet ihnen ein für den Menschen unangenehmer Geruch an, und der ursprüngliche Glanz des Chitinpanzers hat abgenommen. Die Tatsache verminderter Nahrungsaufnahme sowie der zunehmende Verlust an Extremitätengliedern erhellen zur Genüge, daß das Leben der Tiere nicht mehr von allzu langer Dauer sein kann. In Anbetracht der erstaunlichen Zähigkeit kann es sich allerdings noch Wochen hinziehen — wie bereits erwähnt, können die Tiere sogar in der Zeit der höchsten Lebensintensität längere Zeit hungern —, aber den zweiten Winter werden sie nicht mehr überstehen. Von 8 Caraben (4 *Procrustes coriaceus* L., 2 *C. violaceus* L., 1 *C. glabratus* F. und 1 *C. nemoralis* Müll.), die alle im zweiten Winter standen, gingen 7 ein (4♂♂ und 3♀♀), als ich sie nur 1 Woche stärkerem Frost aussetzte. Nur ein Weibchen überstand die

Kälte, machte allerdings einen sehr mitgenommenen Eindruck und er-
holte sich sehr langsam. Etwas länger der Kälte ausgesetzt, wäre es
zweifellos ebenfalls eingegangen. 9 Jungkäfer von *nemoralis* dagegen, die
vom 31. Oktober bis zum 21. Februar der Kälte ausgesetzt waren, ertrugen sie ohne Schwierigkeit. Danach scheint die Kälteresistenz der
Altkäfer stark gesunken zu sein, so daß unter natürlichen Bedingungen
die nicht schon vorher eingegangenen Alttiere sicher durch den Frost ver-
nichtet werden. Immerhin können in Ausnahmefällen die Käfer auch
einen zweiten Winter überstehen. Bereits des öfteren sind im Frühjahr
mehr oder minder beschädigte Altkäfer gefangen worden. Weibchen, die
aus irgendwelchen Gründen ihre Eier nicht oder nur teilweise abgelegt
haben, können unter Umständen einen zweiten Winter überdauern, wie
v. LENGERKEN annimmt. Daß in der Gefangenschaft sogar vielfach Mehr-
jährigkeit festgestellt ist, wird ohne Zweifel seinen Grund in der Warm-
haltung während des Winters haben.

Unter den Krankheiten ist wohl die verheerendste der Gregarinen-
befall, welcher, wie bereits mitgeteilt, während meines ersten Zuchtversuches sämtliche Tiere vernichtete. Die von ihr behafteten Käfer zeigen
sich zunehmend träge, fressen und trinken nichts mehr und kommen
weder bei Tag noch bei Nacht zum Vorschein. Kurz bevor sie eingehen,
verfallen sie in Zuckungen, die sich besonders an den Palpen äußern.
Beim Sezieren erwies sich das Abdomen mit rundlichen Cysten oft derart vollgefüllt, daß nur die nackten inneren Organe vorhanden waren
(Abb. 1). Von einer Eientwicklung konnte keine Rede mehr sein. Die
Ovarien waren stark reduziert. Derart befallene Tiere täuschen sehr
leicht infolge ihres unter den Elytren etwas vorschwellenden Abdomens
stattgehabte Nahrungsaufnahme oder beginnende Trächtigkeit vor.
In manchen Fällen waren trotz hoher Cystenzahl reichliche Fettmassen
vorhanden. In einem besonders extremen Fall konnte ich 220 Cysten im
Abdomen zählen, was bei dem auf Abb. 1 ersichtlichen Größenverhältnis
von verheerender Wirkung ist. Der Darm erwies sich in allen untersuchten Fällen als völlig leer. Die Gregarinen sind (DOFLEIN) „fast ausschließlich Darm- oder Leibeshöhlenparasiten bei den niederen Tieren"
und vor allem „bei Anneliden und Arthropoden gefunden". DOFLEIN ist
der Ansicht, daß die Gregarinen nur dann als schädliche Parasiten hervortreten, wenn sie in Zellen oder Geweben schmarotzen. Den Einfluß
der eigentlichen Darm- und Leibeshöhlenparasiten dagegen vergleicht er
mit dem der Bandwürmer und großen Nematoden, die wohl durch Ent-
ziehung von Stoffen wie Ausscheidung von Stoffwechselprodukten nach-
teilig wirken, aber nur selten erheblichen Schaden verursachen. Bezüg-
lich der Darmparasiten deckt sich DOFLEINS Ansicht mit der Angabe von
BLUNCK, der sie im Darm von *Dytiscus marginalis* L. fand. Er schreibt:

„Die Gregarinen werden selbst bei Massenbefall den Tieren nicht gefähr-
lich." Wie er weiter mitteilt, werden sie als Sporen mit dem Munde
aufgenommen und als reife Cysten durch den Enddarm wieder ausgestoßen. Die Angaben von WELLMER über Befallsstärke erhellen deutlich,
daß der Schaden der Darmparasiten nicht erheblich sein kann. Er hat
eine große Zahl ostpreußischer Arthropoden auf Sporozoen untersucht,
und es seien im folgenden einige seiner Angaben mitgeteilt, bei denen es
sich um Befall von Darmgregarinen handelt: Die bei Freystadt (Westpr.)
gefundenen Vertreter von *Geotrupes stercorarius* L. waren sämtlich infiziert, von 18 Vertretern von *Galeruca tanaceti* L. waren 16 infiziert,
34 untersuchte Tipulidenlarven waren sämtlich von Gregarinen befallen,
von 28 Käfern der Gattung *Broscus cephalotes* L.
waren 24 und von 25 Exemplaren von *Procrustes*
coriaceus L. waren 24 infiziert. Würde bei dieser
erstaunlichen Befallsziffer ein erheblicher Schaden
verursacht, müßten die Gregarinenträger längst
ausgestorben sein.

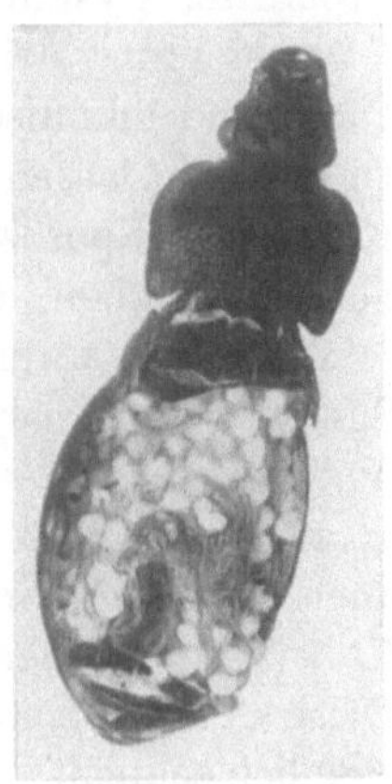

Abb. 1. *Car. nemoralis*
MÜLL., von Gregarinen
(Cysten) befallen.

Die Leibeshöhlenparasiten möchte ich dagegen
als nicht so ungefährlich für den Wirt betrachten.
Die oft erstaunliche Zahl von Cysten (Abb. 1), die
die Leibeshöhle erfüllten und wohl nicht wie die der
Darmparasiten durch den Enddarm ausgestoßen
werden können, sondern sicherlich erst nach dem
Tode des Wirtes ins Freie gelangen und ihn somit zeitlebens belästigen, sowie die zunehmende
Nahrungsverweigerung der befallenen Käfer be-
weisen, daß die Cölomgregarinen von erheblich nach-
teiligem Einfluß sein müssen. Die im ersten Jahre
zu Zuchtzwecken eingesetzten 8 Weibchen erwiesen sich sämtlich als von
Gregarinencysten stark besetzt. Sie legten keine Eier ab und starben
offenbar unter Einfluß der Parasiten, ohne Nachkommen erzeugt zu
haben. Ich möchte es auch auf die Einwirkung der Gregarinen zurück-
führen, daß die größte Zahl der mir im nächsten Jahre zur Verfügung
stehenden Weibchen keine Eier ablegte. Von 30 Weibchen schritten
nur 10 zur Eiablage. Von 14 Weibchen, die bis Ende September eingegangen waren, konnte ich bei 7 einwandfrei Cysten in der Leibeshöhle
feststellen. Ein Anfang April gefangenes Männchen ging gegen Ende des
Monats ein, ohne in dieser Zeit jemals kopuliert zu haben. Seziert erwies es sich mit Gregarinen stark angefüllt. *Die Befunde lehren, daß*
die Cölomgregarinen durchaus nicht ohne Einfluß auf den physiologischen
Zustand des Wirtstieres sind, sondern daß infolge ihrer Anwesenheit eine
parasitäre Kastration stattfindet.
     Ob und wie eine Ansteckung unter den Käfern erfolgt, vermag ich

nicht anzugeben. Ich kann nur mitteilen, daß sämtliche Caraben, die ich gleichzeitig in einem größeren Glashafen untergebracht hatte, sich als befallen erwiesen. Es handelte sich um *nemoralis, hortensis* und *concellatus.* Auch die Vertreter von *Pterostichus niger* SCHALL., die mit den Caraben in demselben Behälter waren, zeigten sich infiziert. Nur *Silpha obscura* ILL. und *Staphylinus caesareus* CEDERH. waren cystenfrei. Ich nehme jedoch an, daß die Infektion schon im Freien erfolgt war oder durch die zu Futterzwecken dienenden Regenwürmer oder Schnecken verursacht wurde.

Die Cysten (Abb. 1), die frei in der Leibeshöhle sich befinden, sind kugelig und von einer sehr zarten Haut umgeben, die leicht platzt. Die Größe der Cysten ist verschieden, der Durchmesser variiert zwischen 1 und 2 mm. Bei der Reife sind sie vollständig mit Sporen angefüllt. Diese sind bikonisch, homopolar und an den Polen knopfartig verdickt. Im Innern lassen sich bei entsprechender Vergrößerung deutlich die Kerne der Sporozoiten erkennen. Die Sporen sind von einer derben Schale umgeben, die sie, wie DOFLEIN hervorhebt, gegen Austrocknung schützt. WELLMER hat bei seinen Untersuchungen in *Pterostichus niger* SCHALL. Cölomparasiten gefunden, deren Cysten- und Sporenbeschreibung auf die bei *nemoralis* gefundenen vollauf zutrifft. Es ist demnach anzunehmen, daß es sich um denselben Parasiten handelt. Dieser ist auch als Cölomparasit von *Carabus auratus* L. für Frankreich bekannt. Es würde sich demnach um *Monocystis legeri* L. F. BLANCK. handeln. Diese Gregarinenart durchläuft nach WELLMER ihr vegetatives Stadium ziemlich schnell. „Am 25. Oktober mit reifen Sporen künstlich infizierte, vorher parasitenfreie Exemplare zeigten bereits am 2. November die jungen Cysten."

Als ein weiteres bei den Zuchten zutage tretendes Übel — wenn auch nicht als Krankheit im eigentlichen Sinne — hat der starke Befall mit Milben zu gelten. Diese siedeln sich in solchen Scharen auf *Carabus*-Arten an, daß die Individuen weiß bestäubt erscheinen (Abb. 2a und b). Nicht nur auf dem Rücken und auf der Unterseite sitzen sie dicht gedrängt, sondern bedecken auch die Augen, die Beine, ja besetzen selbst die Mundgliedmaßen. Daß sie bei solchem Massenbefall dem Besitzer lästig sein müssen, ist wohl zweifellos. Jedoch kann er sich der Peiniger sehr schnell entledigen. Mehrere Stunden in trockener und staubiger Erde genügen, die nur in feuchter Umgebung lebensfähigen Gäste zu beseitigen[1]. In Freiheit habe ich keine Käfer mit diesen Milben befallen gefunden. In Massen auf dem Nahrungsbrocken angesiedelt, geben die Milben einen eigentümlich stechenden Geruch von sich. Nach Feststellungen

---

[1] Für ihr Auftreten scheint das Vorhandensein von Humus Vorbedingung zu sein, denn sie fanden sich fast ausschließlich nur in den Gefäßen, welche mit reiner Humuserde angefüllt waren, die ich aus morschen Baumstümpfen gewonnen hatte.

von Dr. H. Graf VITZTHUM handelt es sich um 4 Milbenarten, darunter 3 heteromorphe und 1 homoiomorphe, in ihren Entwicklungsstadien unbekannte Tyroglyphiden-Deutonymphen. — Was man in großen Massen auf der Abbildung sieht, ist die Deutonympha, der HERMANN 1804 den Namen *Acarus spinitarsus* gab. Man weiß nicht, in welche Tyroglyphidengattung diese Deutonympha gehört. VITZTHUM bezeichnet sie als *Tyroglyphus spinitarsus*. Ein erster Zuchtversuch mißglückte. In den jetzt (März 1930) neu begonnenen Zuchten scheint sich eine adulte Form zu befinden, auf Grund deren die Frage nach dem Gattungsnamen später entschieden werden kann. Diese Art ist eigentlich nicht auf *Carabus*-Arten spezialisiert, sondern auf *Osmoderma eremita*. Diese (wie auch die

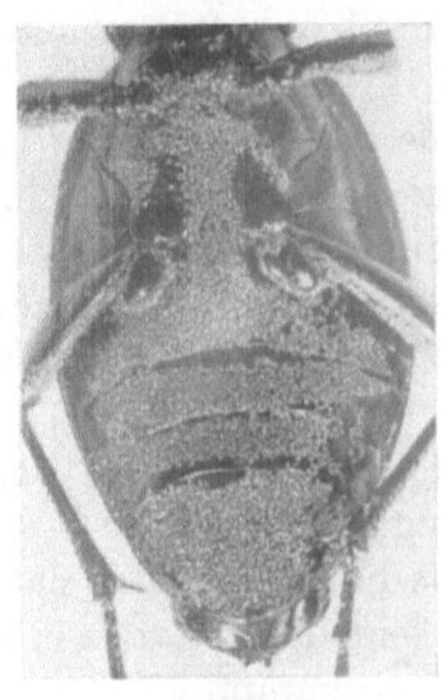

Abb. 2a. *Procrustes coriaceus* L., von Milben befallen.   Abb. 2b. *Procrustes coriaceus* L., von Milben befallen.

beiden folgenden) Deutonymphen benötigen keine Nahrungsaufnahme, sind zu solcher auch nicht befähigt. Sie sind daher keine Parasiten, sondern stehen zu dem Käfer in einem Verhältnis, das als Phoresie bezeichnet werden kann.

Die bei weitem überwiegenden Deutonymphen sind vermischt mit einer geringen Zahl von Deutonymphen von *Zschachia sapromyzarum* (DUFOUR 1839). Diese Art ist in der Literatur bisher unter dem Namen *Anoetus sapromyzarum* behandelt worden. OUDEMANS hat aber 1929 die enorm umfangreiche Gattung *Anoetus* DUGÈS 1842 mit sehr triftigen Begründungen in mehreren Gattungen zerlegt, unter denen die Gattung *Zschachia* dennoch gleich mit mehr als 30 Arten in die Erscheinung tritt.

Vereinzelt findet sich ferner dazwischen die Deutonympha einer anderen *Zschachia*-Art, für die VITZTHUM keinen Speziesnamen angeben kann.

Unter den Flügeldecken lebt als wirklicher, wenn auch ziemlich harmloser Parasit eine neue *Canestrinia*-Art. Sie unterscheidet sich von allen anderen bisher bekannten, durchweg glattgehäuteten Arten der Gattung durch eine prachtvoll ornamentale Musterung des Integuments. —

Endlich ist noch eine Erscheinung zu erwähnen, die sich zwar nur bei alten Tieren zeigt und ebenfalls nicht als Krankheit im eigentlichen Sinne gelten kann, wohl aber infolge ihres nachteiligen Einflusses und ihres nur teilweisen Auftretens hier zu erörtern ist. Es handelt sich um eine zunehmende Besetzung der Mundteile mit erhärtenden Nahrungsresten, vermischt mit kleinen Erdpartikelchen, die schließlich so stark werden kann, daß die bürstenförmigen Lobi interni vollkommen verdeckt sind und so für ihre eigentliche Aufgabe unbrauchbar werden. Die Käfer streben mit aller Energie, sich dieser Kruste zu entledigen, indem sie ihre Mundteile in den Sand bohren oder — der Erde platt angedrückt — sie über den Boden schleifen. Aber der gewünschte Erfolg tritt nicht ein, im Gegenteil, es haftet an den Mundteilen infolge dieser Bemühungen nun ein noch größerer Ballen. Vielfach tauchen die Käfer ihre verklebten Mundteile ins Wasser, aber die Kruste ist zu fest, als daß sie sich löste. Die Folge ist, daß die Tiere infolge stark behinderter Nahrungsaufnahme nach mehr oder minder kurzer Zeit eingehen. Ein *violaceus*-Weibchen, das stets ein äußerst ungestümes Wesen zeigte, fiel nach Behaftung mit diesem Übel so plötzlich ab, daß man meinte, ein anderes Tier vor sich zu haben.

Infolge seiner starken Bepanzerung und seiner großen Schnelligkeit im Laufen hat der Käfer kaum Feinde. Wie für *auratus* werden auch für *nemoralis* die Kröte und in nahrungsarmen Zeiten der Fuchs als Feinde anzusehen sein, da *nemoralis* in den vom Goldlaufkäfer bewohnten Gebieten ebenfalls vorkommt.

Obwohl im allgemeinen die Käfer bei Berührung sofort ihr Heil in der Flucht suchen, ist doch sehr oft beim Aufheben ein hypnotischer Zustand bei ihnen zu beobachten. Sie krümmen die Tarsen und lassen sich in jede beliebige Stellung bringen, vorausgesetzt daß man sie sehr vorsichtig berührt und jedes ruckweise Anstoßen vermeidet. Alsdann kann man sie an einem Beine hochheben, vorsichtig mit einer Pinzette unter den Prätarsus hakend, wieder auf den Rücken legen, mit einem Pinsel herumdrehen und auf die Seite legen, bis fast regelmäßig nach Ablauf von 2 Minuten die Starrheit weicht und der Fluchtinstinkt wieder erwacht. Ein Weibchen, das vor einem Glasnäpfchen stand und die Vorderbeine auf den Rand desselben gelegt hatte, verharrte in dieser Stellung, obwohl ich ihm das Näpfchen fortnahm. Erst nach 2 Minuten rannte es fort. Ein Männchen setzte ich sehr vorsichtig auf die Abdomenspitze, es mit dem Rücken an einen Erdbrocken lehnend. Nur die Hinterbeine berührten die Erde, Mittel- und Vorderbeine standen vom Körper mit gekrümmten

Tarsen ab, gleichsam als wollten sie etwas umfassen. In dieser Stellung verharrte es 12 Minuten. Ein Weibchen, das ich auf die Seite legte, so daß die Beine der anderen Seite gekrümmt vom Körper abstanden, verharrte in dieser Stellung genau $2\,^1/_4$ Minuten. Ein zweites Mal gelang das Experiment selten. Bei den anderen mir zur Verfügung stehenden *Carabus*-Arten, wie *Procrustes coriaceus* L., *C. violaceus* L. und *auratus* L. habe ich den geschilderten hypnotischen Zustand nicht hervorrufen können. Vertreter dieser Arten machten sofort eifrige Fluchtbewegungen, wenn man sie aufhob.

VI. Ei und embryonale Vorgänge.

Die Eier sind verhältnismäßig groß und sehr dotterreich. Die Maße betragen im Durchschnitt 5,1 : 2,1 mm. Die von ZANG angegebenen Maße sind wohl zu klein. Frisch abgelegt sind die Eier so weich, daß sie schon dem leisesten Pinseldruck nachgeben. Sie sind von milchweißer Farbe, mattglänzend und erscheinen gleichmäßig oval. Unter entsprechender Vergrößerung aber erkennt man, daß nur die eine Seite gebogen ist, während die andere — die spätere Ventralseite — fast senkrecht abfällt. Gleichzeitig läßt sich mikroskopisch eine deutliche Netzstruktur der Eihaut feststellen, die von einem der Grundfläche erhaben aufliegenden Gitterwerk herrührt.

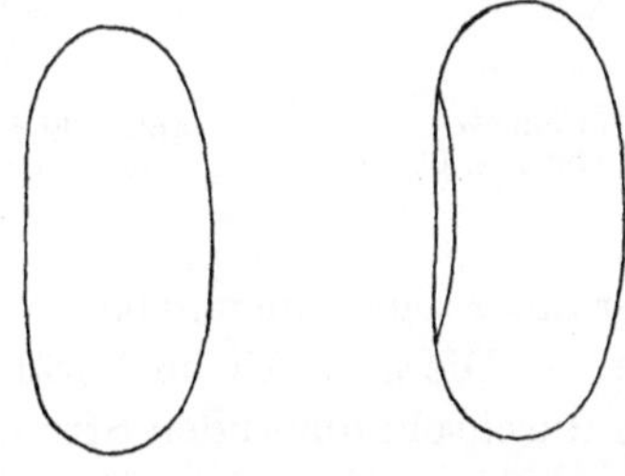

Abb. 3.
Ei von *Car. nemoralis* MÜLL. 1. Phase.

Abb. 4.
Ei von *Car. nemoralis* MÜLL. 2. Phase.

Hier setzen sich bei Herausnahme des Eies leicht Erdpartikelchen fest, die bei den noch in der Eihöhle befindlichen Eiern stets fehlen. Die Pole sind leicht gerundet.

Da die Eihaut sehr dünn und zart ist, lassen sich Veränderungen des Eies wie einzelne embryonale Vorgänge gut beobachten. Im folgenden seien sie an der Entwicklung eines Eies dargelegt. Das Ei wurde am 23. April auf dem Grunde des Gefäßes in einem kleinen Hohlraum abgelegt, der ungefähr die zweifache Breite des Eies aufwies und etwa um ein Viertel länger war. Herausgenommen zeigte es sich äußerst weich und schon durch leisesten Pinseldruck eindellbar (Abb. 3).

Am 26. April hatte es sich so weit gefestigt, daß es nicht mehr auf geringsten Druck nachgab. Am 28. April — also am 6. Tage — zeigte sich auf der späteren Ventralseite unmittelbar am Rande ein schmaler Streifen (Abb. 4), der glasig durchschimmerte. Dieser Streifen vergrößerte sich von Tag zu Tag sichtlich, bis er am 3. V. fast die Hälfte des Eies einnahm (Abb. 5). Vom 2. V. ab zeigte er außerdem in der Mitte eine deutliche Ausbuchtung in das Innere des Eies. Vom 3. V. ab wurde er

von Tag zu Tag wiederum kleiner, bis er unmittelbar vor dem Schlüpfen
der Larve fast verschwunden war, da der Embryo den Hohlraum des
Chorions vollauf ausfüllte.

Gleichzeitig ging mit dieser Entwicklung eine merkliche Gestalts-
veränderung des Eies Hand in Hand. Infolge der Größenzunahme des
Embryo und der Elastizität der Eihäute nahm das Ei an Breite beträchtlich, an Länge nur unwesentlich zu. Die bei Ablage des Eies nur schwach
nach außen gebogene, fast senkrecht abfallende Ventralseite wurde

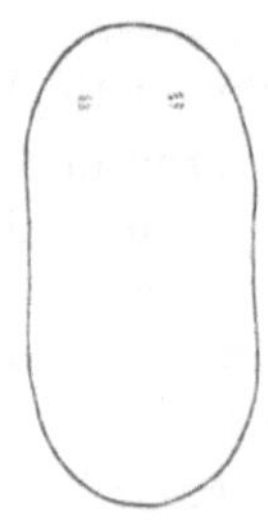

Abb. 5. Ei von *Car. nemoralis*   Abb. 6. Ei von *Car. nemoralis*   Abb. 7. Linke Ozellen des
MÜLL. 3. Phase.   MÜLL., von unten gesehen.   Embryo. 3. Phase.
    3. Phase.

immer mehr nach innen gebogen, so daß das Ei nierenförmige Gestalt an-
nahm. — Die gestaltliche Veränderung des Eies wie die Abnahme des
glasig durchschimmernden Streifens sind die Folge der Entwicklung des
Embryo. Er greift, auf der Dorsalseite liegend, mit Kopf und Abdominalende bogig auf die Ventralseite über, und zwar mit fortschreitender Entwicklung ständig mehr, bis sich kurz vor dem Schlüpfen Kopf und Abdomen fast berühren. — Endlich wurden die Eihäute infolge der Spannung so fest, daß sie bei Berührung mit dem Pinsel keine Eindellungen
mehr zeigten.

Die ersten auffallend hervortretenden Merkmale des Embryo waren
die Ozellen (Abb. 5—7), welche am 3. V., selbst mit bloßem Auge erkennbar, durch die Eihaut durchschimmerten. Sie befinden sich am
oralen Pol jederseits in Sechszahl, zu zwei Reihen angeordnet. Von

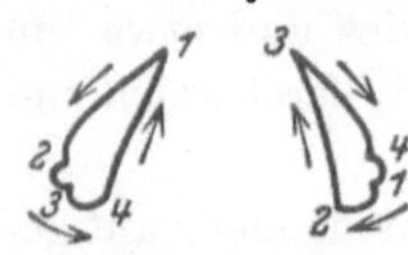

rundlicher bis elliptischer Form sind sie anfangs
hellbraun und werden mit fortschreitender Entwicklung des Embryo immer dunkler. Am 2. V.
waren sie nur unter Vergrößerung schwach
sichtbar und völlig bewegungslos. Am 3. V.
aber führten sie mit der Regelmäßigkeit eines

Abb. 8. Ozellenbewegung des
Embryos. 3. Phase.

schlagenden Herzens rhythmische Bewegungen aus, die durch die
Abb. 8 veranschaulicht werden. Die langen Strecken entsprechen etwa
der dreifachen Breite eines Ozellenhaufens. An den mit den Zahlen be-
zeichneten Ecken hielten sie gleichsam federnd an und begaben sich ohne

Aufenthalt in die neue Richtung, nur an den Punkten 2 und 4 machten sie eine kleine Pause. Jede Bewegung bestand also aus 4 Takten. Pro Minute zählte ich 10, bei einem anderen Embryo 12 Bewegungen. Ferner sah ich an dem inzwischen stark herangewachsenen Embryo unter ent-

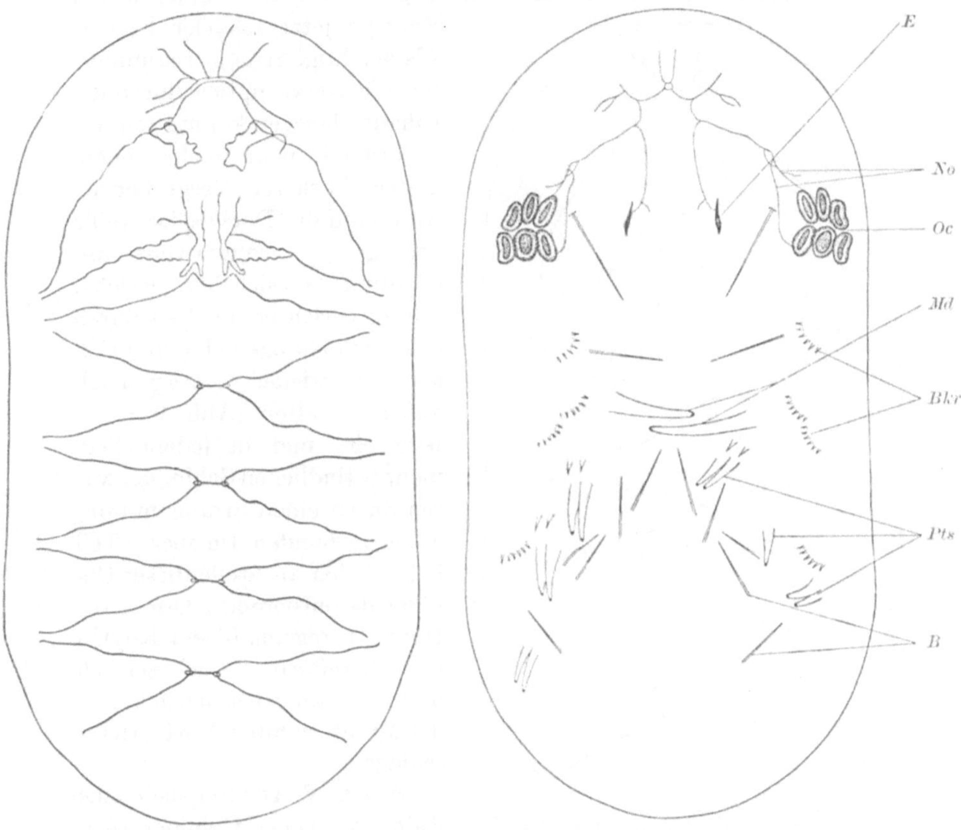

Abb. 9.   Abb. 10.

Abb. 9. Ei von *Car. nemoralis* MÜLL., von oben gesehen. 4. Phase. — Abb. 10. Ei von *Car. nemoralis* MÜLL., von unten gesehen. 5. Phase. *B*. Borsten. *Bkr*. Borstenkränze der Extremitäten. *E*. Eisprenger. *Md*. Mandibeln. *No*. Nervus opticus. *Oc*. Ozellen. *Pts*. Prätarsen.

sprechender Vergrößerung das Pleuropod als eine kreisrunde Scheibe, einige Stigmen als dunkle Vertiefungen und endlich die Beine sowie schwach angedeutet die Gestalt des Embryo.

Am 4. V. war das Bild im großen und ganzen das gleiche. Nur der Embryo trat als Ganzes etwas mehr hervor.

Am 5. V. war die Ozellenbewegung bedeutend schwächer, oft unregelmäßig, ja sie setzte mitunter sogar aus. Jede einzelne Bewegung bestand nicht mehr aus 4 Takten, sondern nur aus 2. Entweder bewegten sich die Ozellen seitlich nach unten oder auf der Längsseite des Eies

auf- und abwärts, ab und zu am Ende einer Bewegung Zuckungen aus-
führend. Durchschnittlich zählte ich 7 Bewegungen pro Minute, was
14 Takten entspricht im Gegensatz zu 40—48 Takten am 4. und 5. V.
Die Rückenseite war deutlich segmentiert, schon mit bloßem Auge erkennbar. Überhaupt trat die Konturierung des deutlich segmentierten
Embryo jetzt schärfer hervor.
Als mächtige Stränge schimmer-
ten die Nerva optica durch die
Eihaut, dagegen konnte ich das
Pleuropod nicht mehr sehen.
Unter stärkerer Vergrößerung
waren auf der Dorsalseite weiße
Stränge — segmentweise angeordnet — sichtbar, welche,
schräg gerichtet, median durch
eine Art Schlinge liefen und sich
alsdann wieder schräg nach
außen wandten (Abb. 9). Die
jederseits und in jedem Segment befindlichen Schlingen waren durch einen Strang miteinander verbunden. Im oberen Teil
befand sich an Stelle dieser Gebilde als pulsierendes Organ das
Herz. In regelmäßigem Rhyth-
mus erweiterte es sich seitlich
und kontrahierte sich wieder. In
der Minute zählte ich 54 „Herz-
schläge“.

Am 6. V. zeigten sich eine
Reihe von neuen Gebilden (Abbild. 10). So traten zwischen
den Ozellen zwei pechschwarze
Stacheln auf, von weiß durch-

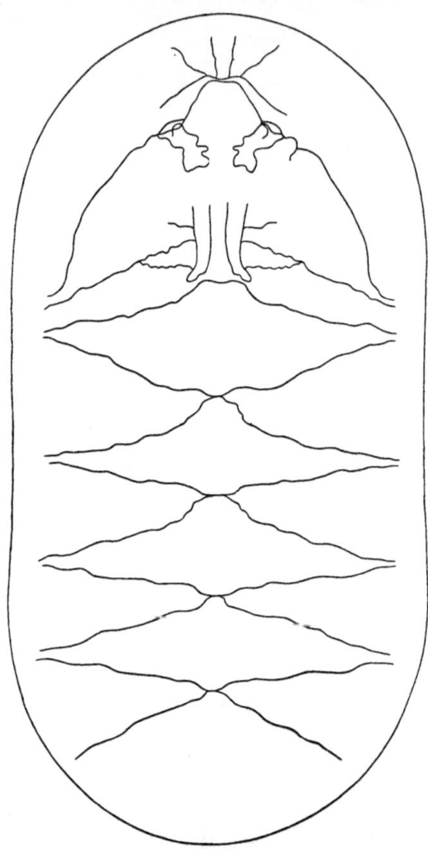

Abb. 11. Ei von *Car. nemoralis* MÜLL., von oben
gesehen. 5. Phase.

scheinenden Strängen innerviert. Es handelt sich um die für *Carabus*-
Larven typischen „Eisprenger“. Sie dienen dem Embryo beim Schlüpfen zum Aufschlitzen der Eihaut. Eine Unzahl von Borsten schimmerte
allenthalben durch die Eihaut; die Mandibeln wie die Prätarsen und
einzelne Dornenreihen der Extremitäten waren als hellbraun chitinisierte Gebilde sichtbar. Ihre Lage wechselte dauernd. Das Pleuropod
war nicht auffindbar. Die auf der Dorsalseite am 5. V. sichtbaren
Stränge liefen nicht mehr durch Schlingen — diese waren nicht mehr
zu sehen —, sondern berührten sich in der auf Abb. 11 dargestellten

Weise. Auch das pulsierende Organ hatte eine etwas andere Form erhalten. Die Gestalt des Embryo war deutlich, Kopf und Abdominalende — beide auf die Ventralseite umgebogen — hoben sich sichtbar ab und berührten sich fast. Die Ozellen bewegten sich fast gar nicht mehr, nur ab und zu waren Zuckungen zu sehen, die mitunter von einer seitlichen oder Auf- und Abwärtsbewegung unterbrochen wurden.

Am 7. V. fand ich die Larve des Morgens geschlüpft vor. Das Eistadium währte also 15 Tage. Dieses entspricht dem Durchschnitt. Das Maximum betrug 17, das Minimum 13 Tage. Es lassen sich dem Gesagten zufolge 5 Phasen des Eistadiums unterscheiden:

1. Phase:	Das Ei noch völlig undifferenziert . . . Dauer: 5 Tage
2. ,,	Entstehung und Zunahme des glasig durchschimmernden Randstreifens . . ,, 5 ,,
3. ,,	Auftreten und lebhafte Bewegung der Ozellen . . . . ,, 2 ,,
4. ,,	Abnehmende Bewegung der Ozellen . . . ,, 2 ,,
5. ,,	Auftreten der Eisprenger . . . . ,, 1 Tag
(6. ,,	Lebhafte Auf- und Abbewegung der Ozellen . . . . ,, einige Stunden)

Die für *Carabus Ullrichi* Germ. sowie *granulatus* L. und *cancellatus* Ill. festgestellten energischen Bewegungen des Kopfes kurz vor dem Schlüpfen, welche in der Längsrichtung des Eies erfolgen und an den Bewegungen der Ozellen hervortreten, werden zweifellos auch bei *nemoralis* stattfinden, so daß sie die 6. Phase bedingen. Diese währt allerdings nur wenige Stunden. Die Ozellen bewegen sich vom oralen Pol bis fast zur Mitte des Eies.

Die Widerstandsfähigkeit des Chorions ist recht erheblich. Selbst bei einem Überschuß von Feuchtigkeit zeigen sich keinerlei Schäden, sofern nur der Luftzutritt genügend ist. Gegen Trockenheit allerdings sind die Eier nicht gefestigt, sondern schrumpfen sehr bald zusammen. Ist das Chorion auch nur in der geringfügigsten Weise verletzt, setzt sich sofort ein dichtes Pilzmyzel an dem Ei fest.

Der Schlüpfvorgang erfolgt in der gleichen Weise, wie ihn Kirchner (40) für *cancellatus* darlegt und durch Abbildungen treffend erläutert. Um 8.40 Uhr bemerkte ich an einem Ei, gerade als ich es zur Beobachtung herausgeholt hatte, wie sich auf der Ventralseite die Eihaut blasenförmig hob und senkte und sich plötzlich ein kleiner Riß bildete, aus dem etwas Feuchtigkeit hervorkam. Bereits nach wenigen Sekunden arbeitete sich auch schon der Larvenkörper hervor, Thorax und Hinterrand des Kopfes erschienen zuerst, während der Vorderteil des Kopfes und die Mundteile noch in der Eihaut fest saßen, diese gleichsam offen haltend. Unter abwechselndem Aufblähen und Kontrahieren des Larvenkörpers schob sich dieser allmählich heraus, bis auch der Kopf und die Mundteile von der Eihaut abschnellten und unter drehenden und windenden Bewegungen die Larve sich vollends von der Eihaut zu befreien versuchte. Infolge der glatten, keinen Halt bietenden Unterlage gelang es ihr jedoch nicht, die Eihaut vom Abdominalende abzustreifen. Mittels eines feuchten Pinsels ließ sie sich leicht entfernen. Der Schlüpfprozeß war bereits 8.48 Uhr beendet, hatte also nur 8 Minuten gedauert. Die Larve bewegte sich sogleich sehr unbeholfen fort und suchte, irgendwo unterzukriechen.

Die Larve war unmittelbar nach dem Schlüpfen völlig weiß, mit Ausnahme der Ozellen, Mandibeln, Prätarsen, Stigmen und zahlreicher Borsten, die leicht gebräunt waren, während die Eisprenger pechschwarz erschienen. Unter entsprechender Vergrößerung sah man, wie der Körper in seiner ganzen Länge von perlschnurartig hintereinander gereihten Luftbläschen durchzogen war, welche — wie z. B. VERHOEFF für *C. Ullrichi* und für Silphiden und Forficuliden beschrieben hat — zur Straffung des noch weichen Körpers dienen. Bereits nach Ablauf einer Stunde zeigte die Dorsalseite einen grauen Schimmer, nach 2 Stunden war sie grau und nach Ablauf von 3 Stunden tief schwarz. Die Ventralseite dunkelte bedeutend langsamer. Bei anderen Larven waren ebenfalls 3 Stunden bis zur Schwärzung der Tergite notwendig. Die noch nicht ausgefärbten Larven bleiben in der Eihöhle, in der sie halbkreisförmig auf der Seite liegen.

Jüngst ist es HEYMONS gelungen, bei Eiern von *C. auratus* L. nachzuweisen, daß der Embryo bereits eine Häutung durchmacht. Auf mikroskopischen Schnitten ließ sich deutlich eine feine Exuvie zwischen Eihaut und Embryo erkennen. Zweifellos wird auch für *nemoralis* eine embryonale Häutung stattfinden.

VII. Die Lebensweise der Larve.

Auch die Larven sind vorwiegend nächtliche Räuber von starker Gefräßigkeit. Aber sie jagen im Gegensatz zu den Käfern auch häufig am Tage nach Beute. In den ersten 2—3 Tagen nach dem Schlüpfen aus der Eihaut nehmen sie keine Nahrung zu sich, sondern machen eine postembryonale Dotterernährungsperiode durch. VERHOEFF, der den Darm einer 12 Stunden alten Larve untersuchte, fand ihn „prall angefüllt mit einer hellen, gallertartigen Dottermasse". Nach dieser Periode nehmen sie die dargereichte Nahrung mit Gier an, die Segmente weichen mit steigender Nahrungszufuhr auseinander, so daß die vorher gleichmäßig schwarz aussehende Larve durch Spannung der Intersegmentalhäute schwarzweiß gefärbt aussieht.

Die Larven des I. Stadiums führen ein sehr verstecktes Dasein, so daß man sie im allgemeinen nur selten sieht. Selbst beim Fraße zeigen sie sich nicht, da sie die Beute von unten her in Angriff nehmen, mit dem größten Teil ihres Rumpfes in der Erde steckend. Nur an den leisen Bewegungen des Nahrungsbrockens läßt sich erkennen, daß die Larve tätig ist. Hebt man den Bissen plötzlich hoch, so hängt die Larve meist mit eingeschlagenen Mandibeln an der Unterseite fest. Bei einer Larve des II. Stadiums konnte ich deutlich beobachten, wie sie nach Betasten eines Fleischstückes im Boden verschwand, unterhalb des Fleisches wieder hervorkam, es von unten anpackte und mit aller Kraft in ihren Stollen zu ziehen versuchte. Da ihr das mißlang, verschwand sie wieder und versuchte es von einer anderen Seite. Dieses Spiel wiederholte sich mehrere Male. Durch das häufige Wühlen im Boden lockerte sie ihn so sehr, daß es ihr tatsächlich gelang, das Fleisch etwas in die Erde hineinzuziehen. Aus dieser Beobachtung erklärt sich auch, warum sich das Fleisch am Tage nach der Futterdarreichung stets tiefer im Boden befand, als ich es ursprünglich hingelegt hatte. Diese Feststellung deckt sich mit der Angabe KIRCHNERS für die Larve von *cancellatus*, die ihre Nahrung vor die Öffnung des Ganges oder in den Stollen zieht, um ungestört fressen zu können.

Beim Berühren schlagen die Larven das Abdomen über den Kopf hoch, wie etwa die Staphyliniden es zu tun pflegen. Trotz ihrer kurzen Beine sind sie sehr behende und wendig. Die Bewegung der Extremitäten ist gleichsam rudernd und erfolgt so rasch, daß man sie nicht mit den Augen verfolgen und analysieren kann. Das Analrohr tritt als Stütze beim Wenden und Aufrichten, als Widerlager bei der Rückwärtsbewegung sowie als Nachschieber unter der Erde in Funktion, wird aber beim Laufen passiv nachgezogen. Wie die Imagines dringen auch die Larven gleich einem Keil in das Erdreich. Am Grunde der Behälter konnte man häufig die Gänge sehen, die sie verfertigt hatten und die ihnen zur Feuchterhaltung des Körpers wie zum Schutze dienen. Wenn sie auch nur für kurze Zeit auf trockener Erde gehalten werden, macht sich sofort ein starkes Trinkbedürfnis bei ihnen geltend, das sich durch energisches Einschlagen der Mandibeln in die inzwischen angefeuchtete Erde offenbart.

Die Verdauung erfolgt analog den Imagines extraintestinal, wie v. LENGERKEN für *nemoralis* festgestellt hat. Da sich die Maxillen nicht aktiv an der Kauarbeit beteiligen, findet kein gleichmäßiges Öffnen und Schließen beider Mandibeln statt, sondern sie bewegen sich alternierend, indem jeweilig nur eine sich schließt und den Nahrungszipfel auspressend an den Clypeofrons drückt, die andere sich aber öffnet. Kurz vor der Häutung werden die Larven zunehmend träger, sind im Querschnitt kreisrund und machen einen aufgedunsenen Eindruck. Sie fressen nicht mehr und verschwinden in der Erde. Die alte Cuticula wird abgeworfen, indem sie in den Suturae frontales sowie in der Dorsalsutur der Thorakalsegmente aufreißt und der Larve des nächsten Stadiums den Weg ins Freie öffnet. So erstaunlich widerstandsfähig die Imagnies sind, so empfindlich sind die Larven während der Häutungen. Wie bereits erwährt, wurden die Schwierigkeiten mit jeder Häutung größer, bis sie beim Übergang ins Puppenstadium unüberwindlich wurden. Die Dauer des I. Stadiums betrug durchschnittlich 14 Tage, im Maximum 16, im Minimum 10 Tage. Die des II. Stadiums betrug in einem Falle 21 Tage. Die des III. Stadiums vermag ich nicht anzugeben. Nach LAPOUGE soll — wie Kern mitteilt — das III. Stadium noch länger währen wie das II., dieses aber fast das Doppelte des ersten ausmachen, wie es auch für meine Beobachtungen zutrifft.

VIII. Das I. Larvenstadium.

Die Larve des I. Stadiums (Abb. 12) ist lang gestreckt, aboral kaum merklich schmaler werdend. Die Oberseite ist stark chitinisiert, glänzend schwarz oder „kastanienschwarz" (SCHIOEDTE). Das 9. Segment ist mit einem Paar Pseudocerci versehen und wie diese schwach granuliert.

Die Länge beträgt von der Mandibel bis zur Pseudocercispitze 12—13 mm — die Angabe gilt für Larven, deren Intersegmentalhaut noch nicht sichtbar ist —, die größte Breite — im hinteren Teil des Metathorax — mißt 2—2,3 mm. Der größte Querdurchmesser befindet sich kurz hinter der Mitte des Metanotums. Von hier aus verjüngt sich die Larve adoral schnell, aboral dagegen allmählich.

Vom Pronotum bis zum 8. Abdominalsegment zieht sich in der Mitte der Rückenschilder eine Längslinie: die Dorsalsutur, die auf dem Kopf eine nur kurze Fortsetzung erfährt. Die Mundteile, mit Ausnahme der Mandibeln, die Fühler sowie die Prätarsen erscheinen im durchfallenden Lichte gelblich, Tibien und Tarsen gelblichbraun und Mandibeln wie Pseudocercispitzen rötlichbraun.

Die Unterseite ist mit Ausnahme der des Kopfes häutig, mit chitinösen Platten, den Sterniten, versehen. Diese sind bedeutend heller wie die Tergite und ähneln in der Farbe den Tibien. Dagegen ist der Kopf auch ventral chitinisiert und fast ebenso dunkel wie dorsal. Eine Ventralsutur ist entsprechend der dorsalen Längslinie nicht vorhanden.

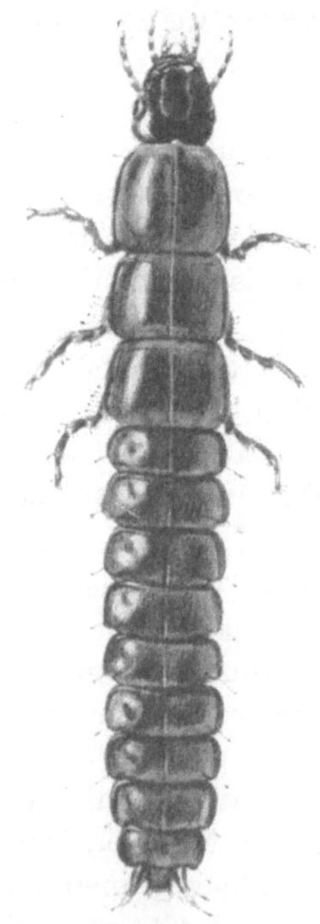

Abb. 12.
I. Larve von *Car. nemoralis* MÜLL.
Vergrößerung. 7 ×.

a) *Der Kopf.*

Der Kopf ist von oben gesehen (Abb. 15) sowohl an Größe wie an Breite kleiner wie das Pronotum. Er bildet eine starre Chitinkapsel und wird von der Larve wagerecht oder etwas ventral geneigt getragen. Mit dem Rumpf ist er durch eine Intersegmentalhaut verbunden und läßt sich etwas in das Pronotum hinein schieben. Er ist also sehr beweglich, was der Larve bei ihrer räuberi-schen Betätigung sehr zustatten kommt.

Abb. 13. II. Larve von *Car. nemoralis* Müll. Vergrößerung. 6½ ×.

Abb. 14. III. Larve von *Car. nemoralis* Müll. Vergrößerung. 5½ ×.

Die Form des Foramen occipitale, welches von der Seite gesehen von oben vorn nach hinten unten geht, macht der Larve das Anheben des Kopfes leicht. Wie bereits erwähnt, greift sie ihre Beute ja auch besonders gern von unten an. Die Schläfen sind groß und nach hinten abgerundet, die Wangen dagegen sehr schmal. Der Vorderrand des Craniums verläuft in sanftem Bogen um die Ansatzstelle der Antennen, biegt dann jäh nach oben um und wird durch die Anguli frontales fortgesetzt.

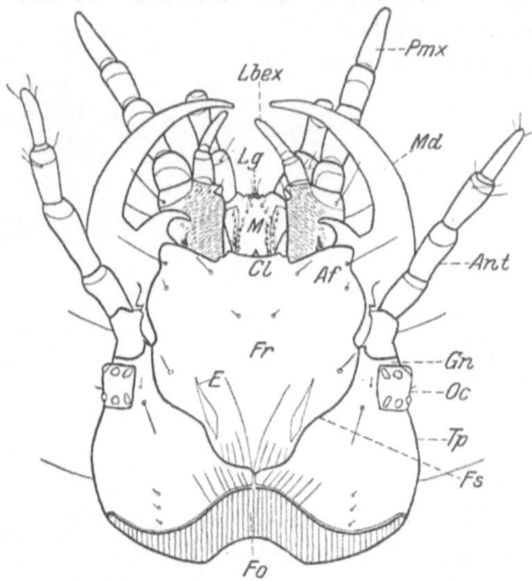

Abb. 15. Kopf der I. Larve von *Car. nemoralis* MÜLL. (dorsal). *Af.* Angulus frontalis. *Cl.* Clypeus. *E.* Eisprenger. *Fo.* Foramen occipitale. *Fr.* Frons. *Fs.* Sutura frontalis. *Gn.* Gena. *Lbex.* Lobus externus. *Lg.* Ligula. *M.* Mentum. *Md.* Mandibel. *Oc.* Ozellen. *Pmx.* Palpus maxillaris. *Tp.* Tempus.

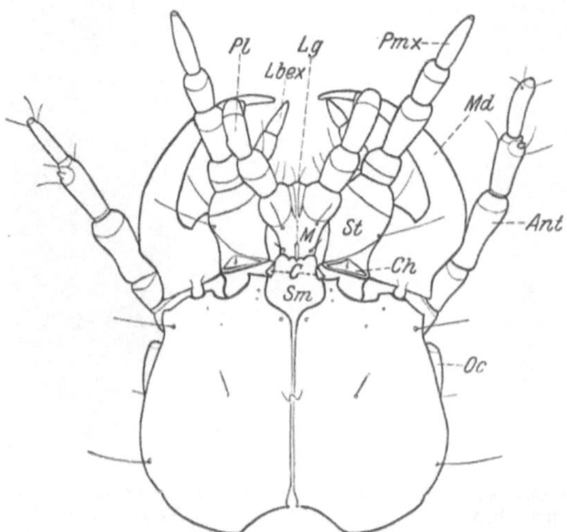

Abb. 16. Kopf der I. Larve von *Car. nemoralis* MÜLL. (ventral). *C.* Cardo. *Ch.* Dreieckiges Chitinstück. *Sm.* Submentum. *St.* Stipes. Die übrigen Bezeichnungen wie in Abb. 15.

Auf die verschiedene Gestalt der Ozellen ist bereits hingewiesen. Sie liegen auf einem schwarzen Augenhügel, der die Gestalt eines Quadrates hat, dessen Außenseite bogig vorgezogen ist, so daß die äußere Ozelle der vórderen Reihe weiter lateral vorgeschoben ist, wie die entsprechende der unteren Reihe. Während sie bei der geschlüpften Larve von brauner Farbe sind, haben sie bei der ausgefärbten ein glasigweißes Aussehen. Am hinteren Rand des Epicraniums, zu beiden Seiten der Mediannaht, wie im aboralen Winkel des Clypeofrons zeichnen sich radial verlaufende Runzeln.

Die Unterseite des Kopfes (Abb. 16) wird durch eine Ventralnaht in zwei Cranialhälften geteilt und von ihr in der vorderen Hälfte stärker wie in der aboralen eingeschnitten. Mit Aus-nahme der Naht, die etwa in der Mitte ihres Verlaufs eine charakteristische Einkerbung zeigt, auf die später eingegangen wird, weist die Unterseite keine besonderen Merkmale auf.

Die Beborstung des Kopfes ist bei allen drei Stadien gleich und aus den Abb. 15 und 16 ersichtlich. Die auf der Unterseite des Kopfes eingezeichneten Kreise sind Ansatz-stellen von Borsten. Sie sind deutlich zu er-kennen, die Borsten aber zu winzig, um ein-gezeichnet werden zu können. Die Mediannaht des Kopfes (Abb. 15 und 17, a—c) ist dorsal nur verschwindend klein. Sie läßt sich in der Kopf und Rumpf verbindenden Intersegmental-haut verfolgen, durchbricht den Hinterrand des Epicraniums und spaltet sich alsdann nach kurzem Verlauf dichotom. Im Gegensatz zu der Larve von *auratus* und *cancellatus* findet bei *nemoralis* hinter der Durchbruchsstelle keine Erweiterung der Naht zur sogenannten Basis Suturae frontalis statt. Sie läuft völlig gleich-mäßig weiter.

Die mediane Ausbuchtung des Kopfhinter-randes wird von einem Chitinwulst und von einer zwischen diesem und dem Epicranium be-findlichen gelblichen Naht gesäumt, die nach kurzem Verlauf verschwindet (Abb. 17). Dort,

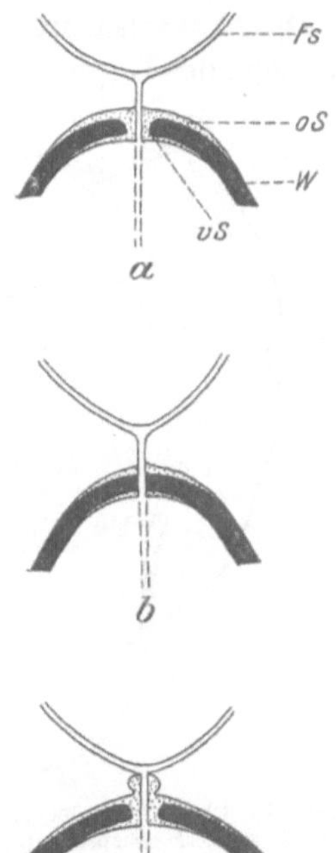

Abb. 17. Aboraler Rand des Cra-niums mit Durchbruchsstelle der Mediannaht. *Fs.* Sutura frontalis. *W.* chitinöser Wulst. *o.S.* oberer gelber Saum. *u.S.* unterer gelber Saum. *a, b* und *c*: Variationen der Durchbruchsstelle.

wo beide von der Madiannaht des Kopfes durchbrochen werden, er-weitert sich der gelbe Saum, indem der Chitinwulst abgeschrägt zu-rückweicht, und tritt in Verbindung mit einem unterhalb des Chitin-wulstes befindlichen gelben Streifen, der analog dem oberen nur eine kurze Strecke verläuft. Das sich so ergebende Bild (Abb. 17 a) ist aber nicht bei allen Larven konstant. Es kann der Chitinwulst unmittel-bar bis zur Mediannaht des Kopfes herantreten, so daß der obere gelbe

Saum keine Erweiterung erfährt und nicht mehr mit dem unteren in
Verbindung steht (Abb. 17 b). Dieses Bild gleicht dem von OERTEL für
granulatus angegebenen. Andererseits kann der gelbe Saum auch eine
bedeutende Erweiterung nach oben hin erfahren, so daß er die Mediannaht
von der Durchbruchsstelle bis zur Gabelung beiderseits halbkreisförmig
umgibt (Abb. 17 c). Zwischen diesem extremen Fall und dem zweiten
bestehen alle möglichen Übergänge, konstant bleibt jedoch die stets
gleichmäßig bis zur Gabelung verlaufende Mediannaht. Für die Unterscheidung der *Carabus*-Larven bildet sie somit ein wertvolles Merkmal.

Die Frontalsuturen (Abb. 15 und 18 a—c, *Fs*), die sich von der Mediannaht des Kopfes dichotom abzweigen, gabeln sich im I. und II. Stadium am Ende ihres Ver-
laufes nochmals, einen
Ast zur Ansetzstelle der
Antennen, den anderen
zur Außenkante der An-
guli frontales entsen-
dend. Im III. Stadium
ist eine Gabelung nicht
mehr erkennbar. Der zur
Antenne führende Ast
kommt in Fortfall. Im
unteren Drittel weisen
die Frontalsuturen eine
Einbuchtung auf, die im
I. Stadium nur schwach,
im II. zunimmt und im
III. Stadium sehr stark
ist.

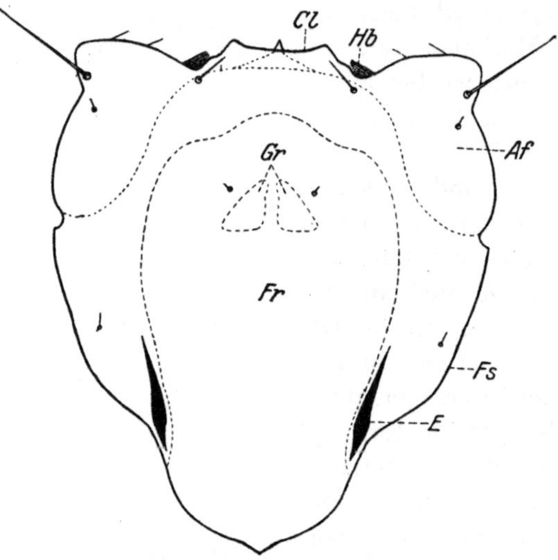

Abb. 18a. Clypeofrons der I. Larve. *Af.* Angulus frontalis.
Cl. Clypeus. *E.* Eisprenger. *Fr.* Frons. *Fs.* Frontalsutur.
Gr. Grübchen. *Hb.* Haarbüschel.

Der Clypeofrons (Ab-
bild. 18) — von dreieckiger Gestalt — macht etwa ein Drittel der
oberen Kopfbedeckung aus. Er wird im unteren Teil von den beiden
Cranialhälften umgeben und von ihnen durch die Frontalsuturen getrennt, im oberen ragt er frei hervor, den unteren Teil der Mundgliedmaßen bedeckend. Da er seine Gestalt während der drei Larvenstadien
nicht gleichmäßig beibehält, werden der besseren Übersicht halber die
Stirnschilder der drei Stadien gemeinsam beschrieben. Ihre Skulptur
ist nur für das I. Stadium eingezeichnet, da sie im wesentlichen gleich
bleibt. Im I. Stadium ist der Clypeofrons länger wie breit, im II. und
III. dagegen sind Länge und Breite gleich. In allen drei Stadien ist
der Vorderrand des Clypeofrons ventral mit einer Haut verwachsen,
die in das Lumen der gewölbten Stirn vorspringt und mit feinen und
langen Borsten dicht besät ist. In dem Einschnitt zwischen den An-

guli frontales und dem Clypeus ragen sie schräg median gerichtet hervor, so daß sie dorsal sichtbar sind (Abb. 18 a, *Hb*). Auf ihre Bedeutung wird später eingegangen. Der Clypeofrons des I. Stadiums (Abbild. 18 a) trägt im unteren Drittel die Eisprenger (Abb. 18 a, *E*). Da sie mit der ersten Häutung abgeworfen werden, bilden sie ein wichtiges Kennzeichen der Primärlarve. Bei der ausgefärbten Larve heben sie sich von ihrer Umgebung kaum ab und sind nur bei starker einseitiger Beleuchtung sichtbar. Aboral sind sie mit der Unterfläche verwachsen, adoral ragen sie mit ihrer lang ausgezogenen Spitze frei hervor. Auf ihr

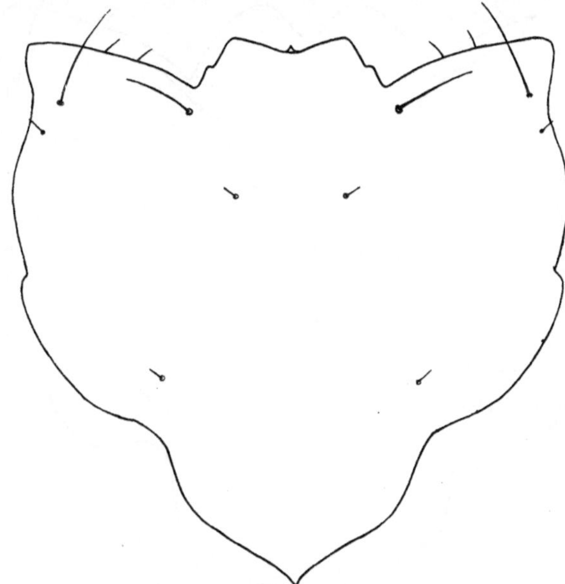

Abb. 18b. Clypeofrons der II. Larve.

erstes Auftreten während des Eistadiums sowie auf ihre Bedeutung ist bereits hingewiesen.

Die Anguli frontales (Abb. 18a, *Af*) sind bei allen drei Stadien durch eine tiefe Furche vom übrigen Clypeofrons getrennt und von innen nach außen etwas ansteigend. Sie sind ein wenig schmaler als der Clypeus und im Vorderrand mit ihm durch einen Einschnitt verbunden, der vom I. bis zum III. Stadium an Tiefe zunimmt. Der Vorderrand der Anguli ist leicht gebogen. Der Seitenrand unterhalb der Spitze gebuchtet, im übrigen Verlauf beim I. und II. Stadium gerundet, beim III. einen stumpfen Winkel bildend. Sie liegen mit dem Clypeus etwa auf gleicher Höhe und tragen unterhalb der Spitze jederseits eine lange Sinnesborste.

Der Clypeus (Abb. 18a, *Cl*) hat bei allen drei Stadien die Form eines Trapezes, beim I. und II. Stadium ist der Vorderrand schwach gebogen, beim III. stark eingeschnitten und zwei Lappen bildend. Die beiden Seitenränder des I. und II. Stadiums tragen je einen kleinen Nebenhöcker, der im III. Stadium nicht hervortritt. Bei stärkerer Vergrößerung erweist sich der Vorderrand als fein gezähnelt, besonders in der Mitte. Es handelt sich um Sinnesorgane. Die Mitte des Clypeus ist durch eine dreieckige Grube eingedrückt, so daß die Seiten schwach nach oben ansteigen. Unterhalb des Vorderrandes entspringt median ein spitzer Zahn, der schräg nach vorn gerichtet ist. Er ist bei allen drei Stadien vorhanden,

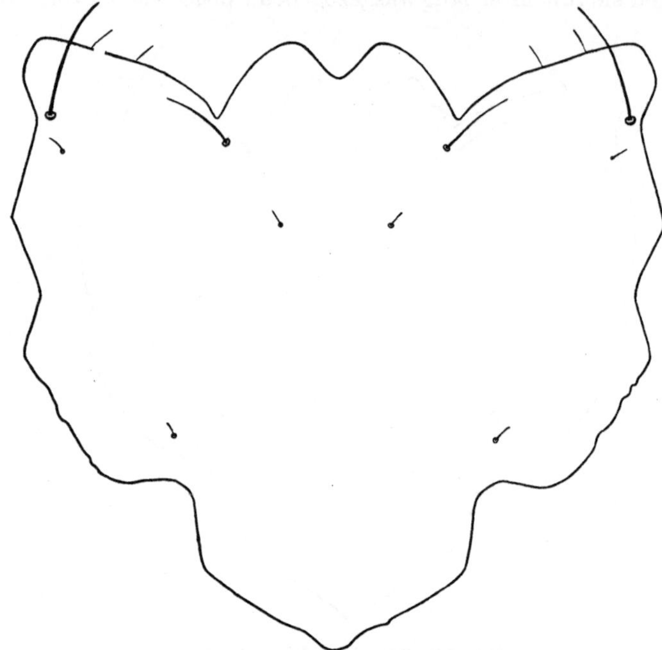

Abb. 18c. Clypeofrons der III. Larve.

jedoch nur im I. und II. Stadium dorsal sichtbar hervortretend, im III. vom Clypeus verdeckt.

Die Stirn (Abb. 18a, *Fr*) ist vorgewölbt und hebt sich somit vom Clypeus und den Anguli frontales ab. Sie ist im I. Stadium von länglicher Form, im II. und III. entsprechend der im Verhältnis zur Länge zunehmenden Breite des Clypeofrons mehr rundlich. Im unteren Drittel erfährt sie in Höhe der median einbiegenden Frontalsuturen eine Einbuchtung. In dieser liegen im I. Stadium die Eisprenger. Im vorderen Teil befinden sich in der Mitte zwei kleine dreieckige Grübchen (Abbild. 18a, *Gr*).

Der Clypeofrons wie die Frontalsuturen bilden dem Gesagten zufolge ein wichtiges Kriterium zur Bestimmung der einzelnen Larvenstadien.

Dabei ist das Vorhandensein von Unterschieden zwischen dem II. und III. Stadium besonders bedeutsam, da sich das I. durch die Eisprenger sowie die Pleuropoden stets zweifelsfrei erkennen läßt. Der tiefe Einschnitt sowie der dorsal nicht sichtbare Medianzahn des Clypeus, die fehlende Gabelung der Suturae frontales an der Ansatzstelle der Antennen und ihre starke Einbuchtung im unteren Drittel sowie der stumpfwinkelige Seitenrand der Anguli sind für das III. Stadium charakteristisch. Daß die Formen des Clypeofrons stark von denen für *granulatus* und *cancellatus* angegebenen abweichen, sei nur nebenbei bemerkt.

Die Antennen (Abb. 19) sitzen beiderseits auf einem kreisrunden Wulst und bestehen aus vier Gliedern. Das 2. Glied ist das längste, fast doppelt so groß wie das erste, distal an Breite zunehmend. Das 3. und 4. Glied sind an Länge fast gleich, das 3. proximal ebenfalls an Breite zunehmend, das 4. zylindrisch, am Ende zugespitzt und nur halb so breit wie das dritte. Das 1. Glied ist das kürzeste und breiteste, nimmt aber im II. und III. Stadium an Länge relativ zu, während das 4. abnimmt, so daß nunmehr letzteres das kürzeste ist. Gleichzeitig nimmt die Breite des 4. Gliedes im Verhältnis zu den anderen im II. und III. Stadium ab. Das 3. wie das 4. Glied tragen am distalen Ende drei Borsten. (Die 3. Borste des 3. Gliedes ist in der Abbildung nicht sichtbar, da sie bei der Ansicht unterhalb liegt.) Das 4. Glied trägt an der Spitze drei feine Börstchen (Abb. 19, *B*) von denen das mittlere am längsten ist. Das 3. Glied besitzt distal einen größeren Sinneskegel (Abb. 19, *K*), der in der Mitte von einem chitinigen Ring umgeben ist. Zwei kleinere Sinneskegel schließen sich an.

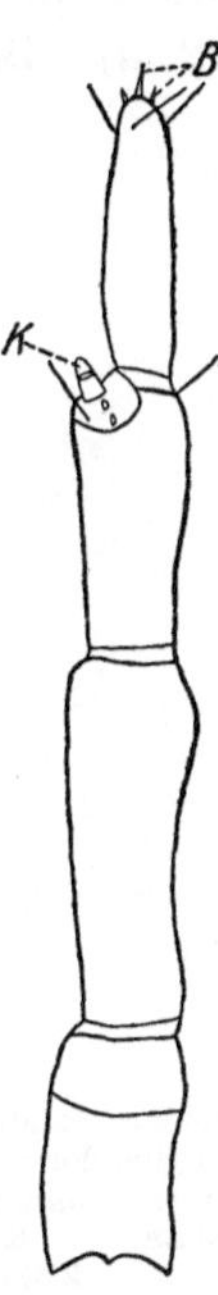

Abb. 19. Rechte Antenne der I. Larve. *K.* Sinneskegel. *B.* Börstchen.

Die Mandibeln (Abb. 20 und 21) sind von sichelförmiger Gestalt. Sie sitzen mit einer etwa dreieckigen Grundfläche dem Kopfe auf, artikulieren dorsal durch eine Gelenkpfanne, den Condylus dorsalis (Abb. 20, *Cd*), der sich wulstförmig vorwölbt, und ventral durch einen Gelenkkopf, den Condylus ventralis (Abb. 21, *Cv*). Auf der Innenseite der Mandibeln entspringt ein starker Zahn, das Retinaculum (Abb. 20, *R*), das rundlich gebogen ist und ohne Unterbrechung in die Mandibeln übergeht. Unterhalb desselben befindet sich eine kraterförmige Papille, die ein fast bis zum Retinaculum reichendes Haarbüschel (Abb. 20, *H*) trägt. Die ventrale Innenseite der Mandibeln wie die Innenseite des Retinaculums sind in der Mitte ihres Verlaufes fein gezähnelt. Hieraus erklärt sich die Befähigung der Larven, ihrer Beute innerhalb weniger Augenblicke eine klaffende Wunde beizubringen. Die Sehne des Mandibelbeugers (Abb. 20, *Fm*) ist sehr kräftig, im oberen Teil durch eine Chitinschuppe verstärkt, die des Mandibelstreckers (Abb. 20, *Rm*) ist ihrer geringeren Arbeitsleistung entsprechend schwächer. Dorsal zeigt sich am basalen Innenrande der Mandibel eine Grube, in welche sich bei Ruhelage die Spitze des Angulus frontalis hineinfügt. v. LENGERKEN nennt sie daher Fossa anguli frontalis. Die Retinacula des II. Stadiums sind etwas dunkler pigmentiert und nicht mehr so rundlich gebogen wie die des I. Stadiums (Abb. 22, *a*). Bei denen des III. Stadiums ist an Stelle der bogigen

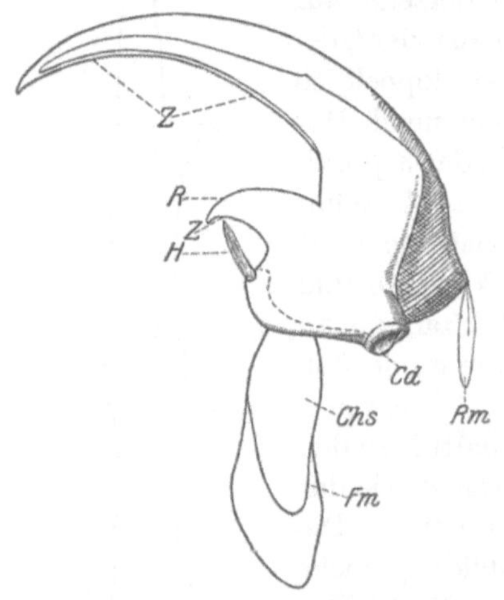

Abb. 20. Rechte Mandibel der I. Larve (dorsal).
Cd. Condylus dorsalis. *Chs.* Chitinschuppe.
Fm. Flexor mandibulae. *H.* Haarbüschel. *R.* Retinaculum. *Rm.* Retractor mandibulae.
Z. Zähnchen.

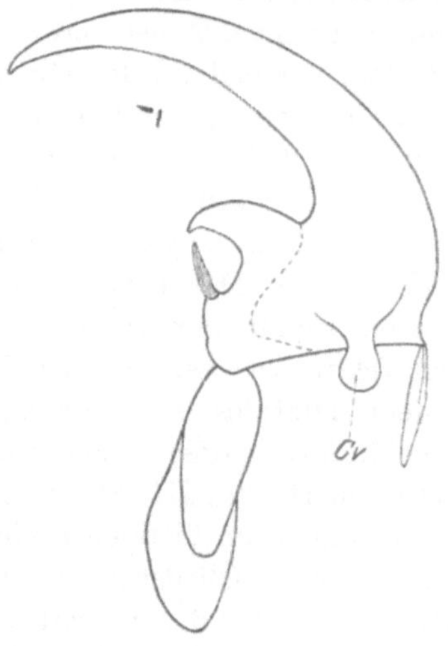

Abb. 21. Linke Mandibel der I. Larve (ventral).
Cv. Condylus ventralis.

Form eine eckige getreten. Sie sind viel breiter und dunkler geworden und setzen sich fast senkrecht von der Mandibel ab (Abb. 22, *b*).

Die Maxillen besitzen eine halbringförmige Cardo, die dorsal verläuft und sich nach den Seiten zu erweitert (Abb. 23, *C*). Der äußere Bogen endet lateral, der innere greift auf die Ventralseite über (Abb. 16 *C* und 38 *C*). Zwischen den beiden Enden der Cardo verläuft ein dreieckiges Chitinstück (Abb. 16 *Ch* und 38 *Ch*), gleichsam den Ring schließend. In der Mitte seines unteren Randes besitzt es einen schräg ins Innere vorspringenden Zahn. Der Stipes (Abb. 23, *St*) ist nahezu rechteckig, distal sich etwas erweiternd. Die mediane Hälfte der Dorsalfläche ist mit kräftigen Borsten bewehrt. An der Außenseite des Stipes befinden sich zwei sehr lange und starke Borsten, von denen die eine distal, die andere in der Mitte inseriert ist. Der Palpus maxillaris (*Pmx*) besteht aus vier

Gliedern, das erste ist das kleinste, nahezu quadratisch, das vierte das
längste, doppelt so lang wie das erste, aber fast um die Hälfte schmaler.
Das zweite Glied ist etwas länger wie das dritte und wie dieses dorsal
erweitert. Der Lobus externus (*Lbex*) besteht aus zwei Gliedern. Das
Basalglied ist breiter, aber kürzer wie das spitz auslaufende zweite. Der
Lobus internus (*Lbi*) ist rudimentär und ungegliedert. Er hat die Form
eines Zapfens und trägt dicht unterhalb der Spitze eine Borste.

Das Labium (Abb. 24) bildet den untersten Teil der Mundgliedmaßen,
den Raum zwischen den Maxillen ausfüllend. Es liefert durch seinen Bau
einen weiteren Beweis der extra-
intestinalen Verdauung. Das durch
die verschmolzenen Stipites ent-
standene Mentum (*M*) ist median
etwas vertieft, so daß eine Art
Rinne entsteht, und mit charak-
teristischen Borsten versehen, die
in gleicher Weise ausgebildet sind,
wie sie v. LENGERKEN für *auratus*
angibt. Die die Haut an den
Seiten bedeckenden Schuppen

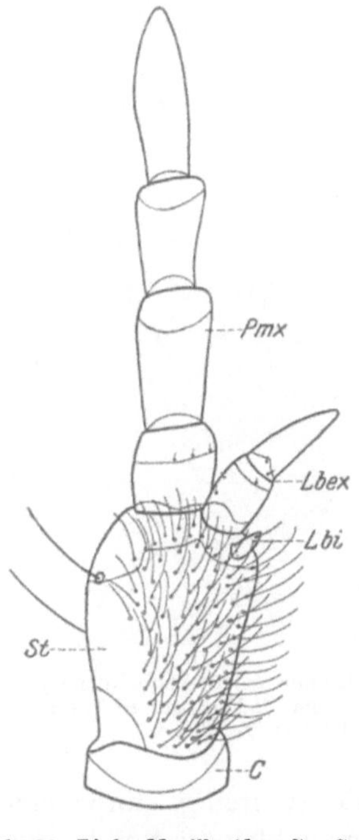

Abb. 23. Linke Maxille (dorsal). *C.* Cardo.
St. Stipes. *Lbi.* Lobus internus. *Lbex.* Lobus
externus. *Pmx.* Palpus maxillaris.

Abb. 22. Retinacula der II. (*a*) und III. Larve (*b*).

werden nach der Mitte zu immer schmaler und spitzer, bis sie zu langen
und feinen Haaren werden, die schräg median gerichtet sind. Die von
diesen bedeckte Fläche ist oval und weichhäutig, reicht distal bis zur
Ligula, wird lateral von den beiderseits dorsal übergreifenden Chitini-
sierungen und aboral, infolge Abnahme der Borstenzahl heller werdend,
von den zwei langen Büscheln des Submentums begrenzt. Zu beiden
Seiten stehen unten drei, oben zwei Reihen von aboral stärker und
größer werdenden Borsten. Das Submentum (*Sm*) bedeckt den unteren
Teil des Mentums mit seinen langen, zu zwei Büscheln ausgezogenen

Borsten. Der vordere Teil erscheint infolge der starken und langen Beborstung dunkler wie der sich anschließende, der wie der übrige Teil mit kleinen Borsten versehen ist. Die adoral zunehmende Verdunkelung des Submentums ist eine Folge zunehmender Chitinisierung, die nur einmal, einen hellen Streifen bewirkend, abgeschwächt wird. Die beiden Büschel des Submentums werden überdacht von den bereits erwähnten Borsten des Clypeofrons und mit ihnen zu einem undurchdringlichen Gewirr vermengt. Diese Borstenanordnung des Labiums macht es zu einem ausgezeichneten Seihapparat, der bei der Nahrungsaufnahme auch den kleinsten Brocken den Zutritt zur Mundhöhle verwehrt. Selbst bei der Annahme, daß Teilchen der Nahrung das Mentum passieren könnten, würde ihnen doch der Durchgang durch das Borstengewirr völlig unmöglich, das den ganzen Raum zwischen Clypeofrons und Submentum ausfüllt. Nur flüssige Nahrung ist imstande, den Weg zur Mundhöhle zurückzulegen. Gleichzeitig bildet diese Borstenbahn eine vorzügliche Gleitfläche für das ausfließende Darmsekret. Die sich an das Mentum anschließende Ligula (*Lg*), die hügelig vorgewölbt ist und 2 starke Borsten trägt, leitet es vermittels dieser in die Wunde des Beutetieres. An das Mentum schließen sich die Palpi labiales (*Pl*) an, die aus 2 Gliedern bestehen. Das untere ist das breitere, dorsal mit 3 oder 4 Borsten versehen. Das 2. Glied ist $1\,^1/_2$mal so lang wie das erste und am Ende zweiteilig, durch eine Einsattelung in eine ventrale größere und dorsale kleinere Spitze gespalten. Beide sind gerade abgeschnitten und tragen schwach eingesenkt ein Sinnesfeld.

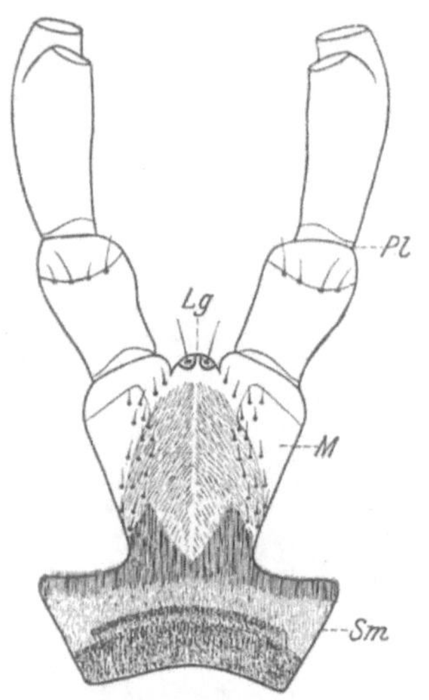

Abb. 24. Labium der I. Larve (dorsal). *Sm.* Submentum. *M.* Mentum. *Pl.* Palpus labialis. *Lg* Ligula.

Ventral zeigt das Labium keine Besonderheiten. Das Mentum (Abb. 16) trägt jederseits zwei Borsten, eine längere an der aboralen Grenze der Chitinisierung und eine kürzere mehr seitlich im adoralen Teil. Eine in der Mitte befindliche Linie weist deutlich auf die Verschmelzung der Stipites labiales hin. Sie geht am Grunde in einen schwarz pigmentierten, vorspringenden Keil über (Abb. 16 und 38). Der chitinisierte Ventralteil der Ligula ragt keilförmig in die Fläche des Mentums hinein. Das Submentum ist häutig vorgewölbt. Es ist bei allen drei Stadien gleich und wird bei der Tertiärlarve beschrieben.

b) *Der Thorax.*

Die drei Segmente des Thorax (Abb. 12) übertreffen jedes die einzelnen Ringe des Abdomens beträchtlich an Länge und sind dorsal lateral wie adoral gerandet mit Ausnahme des Prothorakaltergites, dessen adoraler Rand von der Seite her nur übergreift. In den Vorderwie in den Hinterecken steht dorsal bei allen drei Segmenten je eine Borste, von denen die aborale die stärkere und längere ist. Distal schließt sich an jedes Segment ein schmaler Streifen an, der sich von dem übrigen Teile deutlich abhebt, nur beim Pro- und Mesothorax ist auch adoral ein solcher Streifen vorhanden, beim Prothorax breit, etwa $^1/_4$ der Länge des Pronotums, beim Mesothorax sehr schmal. Auf hell durchscheinender Chitinmembran dieses Streifens (Abb. 37a und b) heben sich schwarze, dicht gestellte Flecken ab, die v. LENGERKEN bei *auratus* als Basen konischer tiefschwarzer Dornen feststellte. Diese ragen in das Hypoderm hinein. Er bezeichnet daher den Streifen als Dornenzone. Zwischen den Dornen verlaufen in der hellen Chitinmembran geschlängelte dünne Kanäle, die mit einem deutlich sichtbaren Porus nach außen münden und adoral beim Pronotum von einer schwarzen, zackigen Linie entspringen, die sonst nicht auftritt. Im Gegensatz zu *auratus* ragen bei *nemoralis* die schwarzen Flecke nicht als so stark ausgebildete Zapfen ins Innere, sondern bilden nur ganz flache Erhebungen. Die geschlängelten Linien sind in der adoralen Dornenzone des Pronotums, die ganze Breite durchlaufend, deutlich sichtbar. Auf den anderen Segmenten treten sie nur im aboralen Teil der Dornenzone oder überhaupt nicht hervor (Abb. 37a). Auf dem Meso- und Metathorax findet sich jederseits lateral eine Eindellung, auf dem Prothorax im hinteren Drittel jederseits median ein rundliches Grübchen. Das erste Thorakaltergit ist das größte, fast quadratisch, adoral stärker wie aboral gerundet. Der Meso- und Metathorax sind quer rechteckig, aboral erweitert. Der Metathorax weist kurz hinter der Mitte die größte Breite der Larve auf. Da die Tergite den Körper um Saumesbreite überragen, sind sie ventral teilweise als schwache Streifen sichtbar.

Die Beine der Larve sind im Gegensatz zu denen der Imago sehr primitiv. Das drückt sich in dem gleichartigen Bau der einzelnen Teile sowie in der Artikulierung durch einfache Gelenkhäute und in der Größe und Bedeutung der Coxa aus. Als typische Graborgane stehen sie zu den schlanken Laufbeinen der Imago in stärkstem Gegensatz. Trotz alledem vermögen sich aber die Larven sehr behende zu bewegen. Das erste Beinpaar ist das kleinste, das dritte das größte. Jedes Bein besteht aus Coxa, Trochanter, Femur, Tibia, Tarsus und Prätarsus (Abb. 25). Die Coxa ist das breiteste und größte Glied der Extremität, aboral stark verjüngt. Sie liegt schräg median zur Längsachse des Körpers und artikuliert mit ihm durch ein breites Gelenkpolster, das dorsal in die Coxa, diese gleichsam aushöhlend, eingelassen ist (Abb. 26, *Gp*). Infolgedessen ist sie nur zu einer Vor- und Rückwärtsbewegung fähig. Lateral außen weist sie eine Hohlrinne auf (Abb. 25 d, *Hr*), die distal eine Ausbuchtung zur Aufnahme der Gelenkhaut für den Trochanter trägt. Dorsal wie ventral springt am unteren Ende der Coxa ein Gelenkzahn (Abb. 26, *Z*) vor, der in einem entsprechenden des Trochanters greift. Dieser schließt sich distal an die Coxa an, hat eine breite Sohle und biegt knieförmig nach außen um. Infolge der erwähnten Verbindung mit der Coxa führt er nur Auf- und Ab-

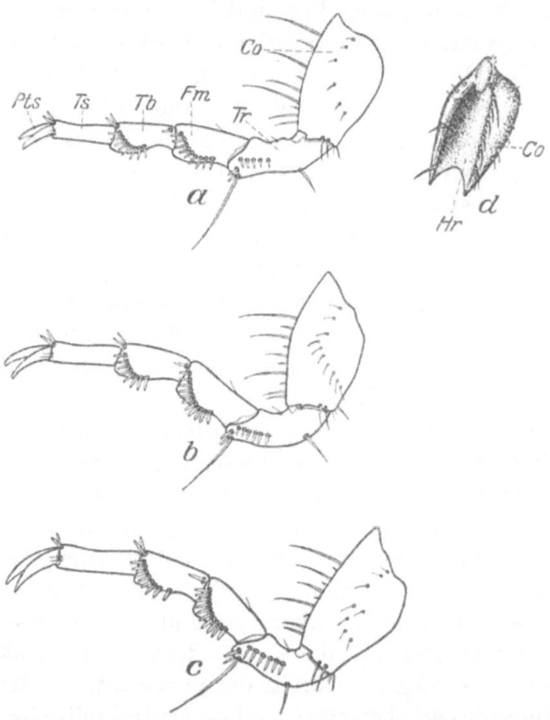

Abb. 25. Extremitäten der I. Larve (ventral), *a — c* und Coxa des Metathorax, *d. Co.* Coxa. *Tr.* Trochanter. *Fm.* Femur. *Tb.* Tibia. *Ts.* Tarsus. *Pts.* Prätarsus. *Hr.* Hohlrinne.

wärtsbewegungen aus. An der Basis springt lateral innen ein chitiniger Halbkreis vor, der beim Strecken unter den Coxalrand gleitet und so eine sichere Führung gestattet, während beim Beugen die Gelenkzähne die Führung übernehmen. Distal ist der Trochanter abgeschrägt und durch eine Gelenkhaut mit dem Femur verbunden. Dieser ist etwas kleiner und wie die Tibia proximal verjüngt. Der Tarsus ist gleichmäßig dünn, schmaler wie die Tibia und trägt am Ende zwei Krallen — den Prätarsus —, von denen die ventrale stets die größere ist. Femur, Tibia und Tarsus sind von fast gleicher Länge und miteinander wie Femur und Trochanter durch einfache Gelenkhäute verbunden. Die Hauptarbeit der Fortbewegung lastet also auf der Coxa, die dazu durch ihre besondere Größe, durch das fast über die Mitte der Ventralseite reichende große Gelenkpolster und durch die einzige feste Artikulierung der Extremität zwischen ihr und dem Trochanter ausgerüstet ist. Die anderen Glieder der Extremität dienen nur der Verankerung auf dem Boden, während die Coxa die eigentliche Vor- und Rückwärtsbewegung des Körpers ausführt.

Die Beborstung der Extremität ist bei den drei Beinpaaren und mit Ausnahme des Tarsus auch bei den drei Stadien gleich. Im Gegensatz zu den übrigen Borsten der Larve zeichnen sich die der Extremitäten durch besondere Stärke und Gedrungenheit aus, so daß sie Dornen gleichen. Sie sitzen auf einem „ringförmigen Postament" (v. LENGERKEN). Zur systematischen Beurteilung können sie nur bedingt

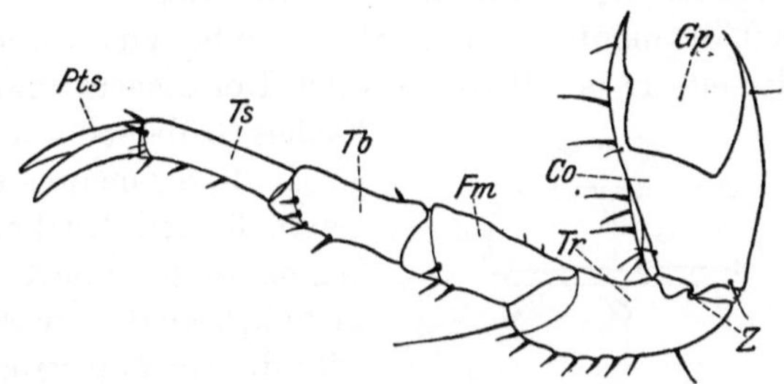

Abb. 26. Linkes Bein des Metathorax (dorsal) (III. Larve). *Z*. Gelenkzähne. *Gp.* Gelenkpolster. Die übrigen Bezeichnungen wie in Abb. 25.

herangezogen werden, da ihre Zahl leicht wechselt. Es kann sich an einigen Stellen durch Fehlen von Borsten die Zahl verringern, an anderen durch Auftreten neuer die Zahl vermehren. Man kann daher nur von Durchschnittszahlen sprechen. Als solche sind auch die im folgenden angegebenen zu betrachten. Die Coxa trägt ventral 8, längs der Hohlrinne ventral 9 unregelmäßig lange und dorsal 5, am distalen Rande 5 Borsten. Der Trochanter trägt distal eine lange Borste, die von zwei kürzeren flankiert wird, und an der knieförmigen Biegung ebenfalls eine lange Borste. An der Unterseite zieht sich dorsal eine Reihe von fünf, ventral von sieben Borsten hin. Die dorsale Reihe des Femur wird von fünf, die ventrale von neun Borsten gebildet. An der Oberseite befinden sich im I. Stadium eine und im II. und III. Stadium zwei feine Börstchen. Die Tibia weist dorsal eine Reihe von sechs, ventral von acht Borsten auf. Ferner trägt sie ventral proximal eine Borste. Beide Reihen, sowohl die des Femur wie die der Tibia, ziehen sich von der Unterseite auf die Seitenflächen hinauf und stehen auf der Grenze des chitinisierten Teiles. Der Tarsus trägt im I. Stadium nur distal oberhalb des Prätarsus zwei Borsten, im II. und III. Stadium weist er dagegen an der Unterseite auch zwei Reihen auf, eine dorsale von vier und eine ventrale von fünf Borsten. Bei allen Extremitätengliedern zeigt sich, daß die Borstenzahl der Ventralseite stets die der Dorsalseite übertrifft.

Die ventralen Sternite des Thorax sollen bei der Besprechung der Tertiärlarve berücksichtigt werden.

c) *Das Abdomen.*

Das Abdomen besteht aus neun Segmenten, das 10. ist in ein Analrohr umgewandelt. Die acht ersten Segmente sind einander ungefähr gleich. Sie sind von querrechteckiger Form, über doppelt so breit wie lang. Das 9. Segment ist seitlich stärker gerundet und der Träger der Pseudocerci. Gleich den Thorakaltergiten sind die Abdominaltergite lateral wie adoral gerandet, während aboral die Bepanzerung mit Ausnahme der Ecken, an denen der laterale Rand etwas übergreift, nahtlos in die Dornenzone übergeht, die — wie beim Metathorax — adoral fehlt. Mit Ausnahme des 9. Segmentes sind sie zu beiden Seiten schwach eingedellt und weisen jederseits in der Mitte zwischen Dorsalsutur und Seitenrand median ein

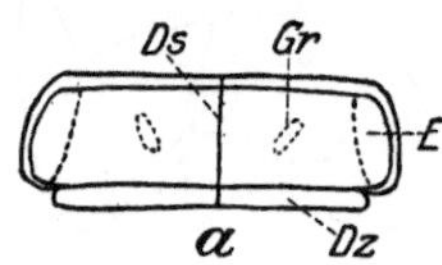

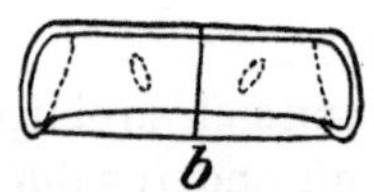

Abb. 27. 1. und 7. Tergit der I. Larve, a und b. *Gr.* Grübchen. *E.* Eindellung. *Dz.* Dornenzone. *Ds.* Dorsalsutur.

flaches Grübchen auf (Abb. 27, *Gr*). Das Tergit des 9. Segmentes ist im Gegensatz zu den glattpolierten Rückenschildern der übrigen Segmente granuliert, aber nur sehr schwach. Lediglich an der Ansatzstelle der Pseudocerci tritt die Granulierung etwas stärker hervor. Die Hinterecken werden zunehmend aboral vorgezogen (Abb. 27, *a* und *b*). Beim 1. Segment ist der Hinterrand noch vollkommen gradlinig, beim 8. dagegen zu beiden Seiten deutliche Lappen aufweisend. Die Beborstung der ersten acht Segmente besteht jederseits aus einer Borste auf der Mitte des lateralen Randes, beim 9. Segment ist jederseits eine im unteren Drittel des Randes seitlich inseriert.

Die Pseudocerci (Abb. 28, *a*) entsprechen in der Länge dem 9. Segment. Die Endspitze ist bogig nach oben gezogen, aboral senkrecht abfallend. Im mittleren Drittel befinden sich zwei kleine Vorspitzen, die eine mehr lateral, die andere dorsal. Sie tragen unterhalb der Spitze eine Borste, die der dorsalen Vorspitze ist nur kurz. Außer diesen Borsten sind noch drei vorhanden, die von einer papillösen Erhebung ihren Ausgang nehmen, eine dorsal nahe der Endspitze, zwei an der ventralen Krümmung. Die Granulierung ist äußerst schwach, lediglich an der Ansatzstelle sowie an der Innenseite der Pseudocerci etwas stärker.

Die Unterseite des Abdomens ist im Gegensatz zu der Oberseite weniger geschützt. Zwar weisen die einzelnen Segmente Chitinplatten, die Sternite, auf, aber diese vereinigen sich nicht zu einem geschlossenen Ring, so daß Heer mit Recht die Unterseite als häutig bezeichnet. Auch sind die Sternite bedeutend schwächer chitinisiert als die Tergite. Sie werden rings umgeben von der bereits erwähnten Dornenzone. Bei den Sternis bildet sie nur einen schmalen Streifen, bei den Sternellis und Episternis nimmt er stark zu und ist bei den Epimeren so groß, daß als

eigentliche Chitinplatte nur eine schmale Zone übrig bleibt. Die auf die
Ventralseite übergreifenden Tergite enden ebenfalls mit einer Dornenzone, jedoch zeigen sie hier keine geschlängelten Linien wie auf der dor-

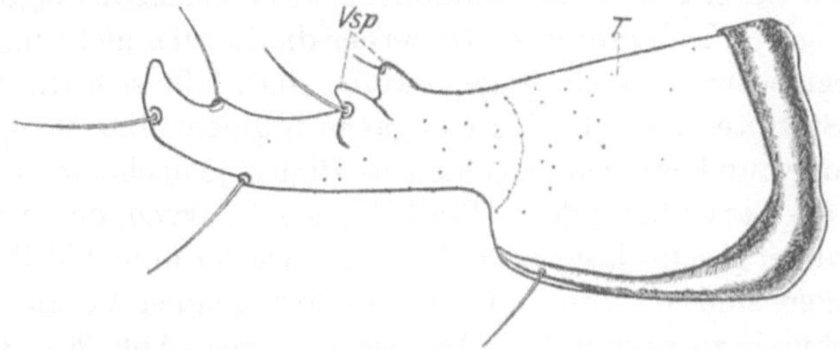

Abb. 28 a. Pseudocercus der I. Larve (lateral). *T*. 9. Tergit. *Vsp*. Vorspitze.

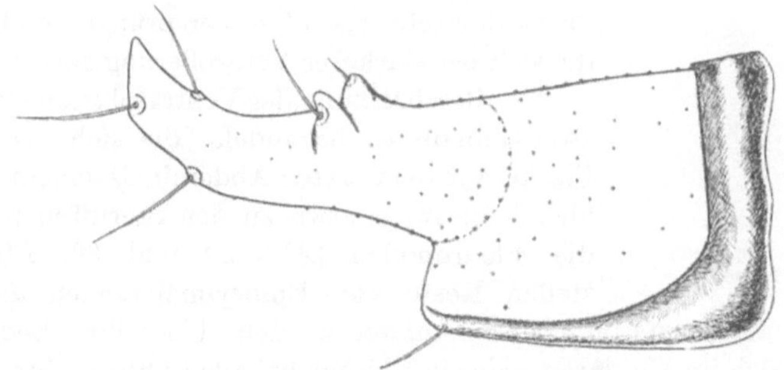

Abb. 28 b. Pseudocercus der II. Larve (lateral).

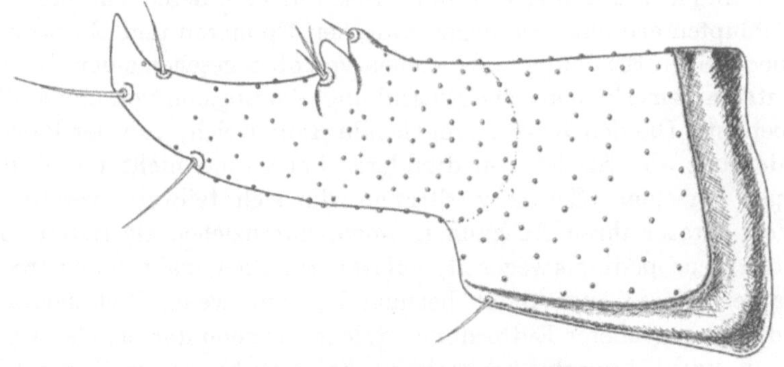

Abb. 28 c. Pseudocercus der III. Larve (lateral).

salen Fläche. Auch auf den Ventralplatten fehlen sie. Da die Anordnung
der Sternite auf den einzelnen Segmenten sowohl für die Arten wie für
die einzelnen Stadien in charakteristischer Weise erfolgt, sollen sie im
folgenden beschrieben werden. Jedoch ist vorher zu betonen, daß sie
als Merkmale für die Systematik keineswegs an erster Stelle stehen. Ab-

gesehen von ihrer großen Zahl bilden sie keine scharfen Konturen aus. Bei stärkerer Vergrößerung zeigen sich Vorsprünge und Lücken. Ihre Form ist nicht konstant. Nicht allein zwischen Larven desselben Stadiums treten Unterschiede auf, sondern sogar zwischen den beiden Seiten ein und desselben Individuums. Da ferner die Larven nicht nur seitlich, sondern segmentweise auch längs gewölbt sind, läßt sich die Form der seitlichen Sternite, die sich über das ganze Segment hinziehen, nur teilweise erkennen und ergeben verschiedene Bilder, je nachdem von welcher Seite man die Larve betrachtet. Endlich ist bei Larven, deren Segmente noch ineinander geschachtelt sind, der obere wie der untere Teil verdeckt. Trotz alledem sind sie unter diesen einschränkenden Voraussetzungen als Artmerkmale zu verwenden. Die Zeichnungen (Abb. 30—32) stellen die Unterseite des Abdomens so dar, als wäre sie auf einer Ebene ausgebreitet. Auch ist jedes Sternit so gezeichnet, wie es sich im Gesamteindruck darstellt, also ohne Vorsprünge und Lücken, die sich bei stärkerer Vergrößerung zeigen.

Vor Beschreibung der Ventralplatten sind kurz zwei Gebilde zu behandeln, die sich als dunkle Flecke auf dem ersten Abdominalsegment zeigen, aber keineswegs etwa zu den Sterniten rechnen:

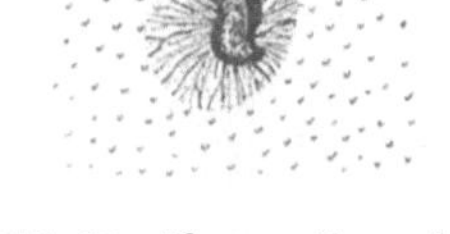

Abb. 29. Pleuropodium der I. Larve.

die Pleuropoden (Abb. 29 und 30, *Plp*). Sie stellen Reste von Embryonalorganen dar, die in das I. Larvenstadium übernommen werden. Über ihre Bedeutung ist man noch im Unklaren. Sie sind bisher bei allen untersuchten *Carabus*-Larven beobachtet und v. Lengerken, der sie bei *auratus* und *arvensis* fand, nimmt an, daß es sich um Drüsen handle, deren Tätigkeit mit dem Schlüpfen erlischt. Sie liegen zwischen Epimeron und Episternum auf einer kleinen Erhöhung und gleichen von oben gesehen einem Krater. Im Zentrum bemerkt man eine Einsenkung, die ringsum von einem Wall umgeben ist. Die den Krater umgebende Haut weicht von der Pleuralhaut deutlich ab. Sie ist von dunklerer Farbe und nicht mit Chitinschuppen versehen. Schwarze Stränge, die sich teilweise verzweigen und vom Krater ihren Ausgang nehmen, durchziehen sie radial. Die Form des Pleuropodiums wechselt, mal ist es rundlich, mal mehr gestreckt, mal laufen die Stränge dicht beieinander, nur wenig Zwischenraum lassend, mal in größerer Entfernung. Solche Größenunterschiede, wie sie v. Lengerken bei *auratus* beobachtete, habe ich bei *nemoralis* nicht gesehen. Entnimmt man das Pleuropod einer Exuvie, schneidet an einer Seite dicht am Krater die Haut an und legt das Pleuropod etwas zur Seite, so sieht man einen dicken Stamm in das Innere vorspringen, so daß das Pleuropod einem Pilze gleicht, dessen Schirm die von den Strängen durchzogene Haut bildet. Vielleicht handelt es sich um das Ende eines Ausführungsganges.

Das erste Abdominalsegment (Abb. 30) besitzt in der Mitte ein zweiteiliges Sternum von dreieckiger Form, auf das aboral die Sternella interna folgen. An diese schließen sich seitlich die Sternella externa an, die wie die Sternella interna von unregelmäßiger Gestalt sind. Die Episterna

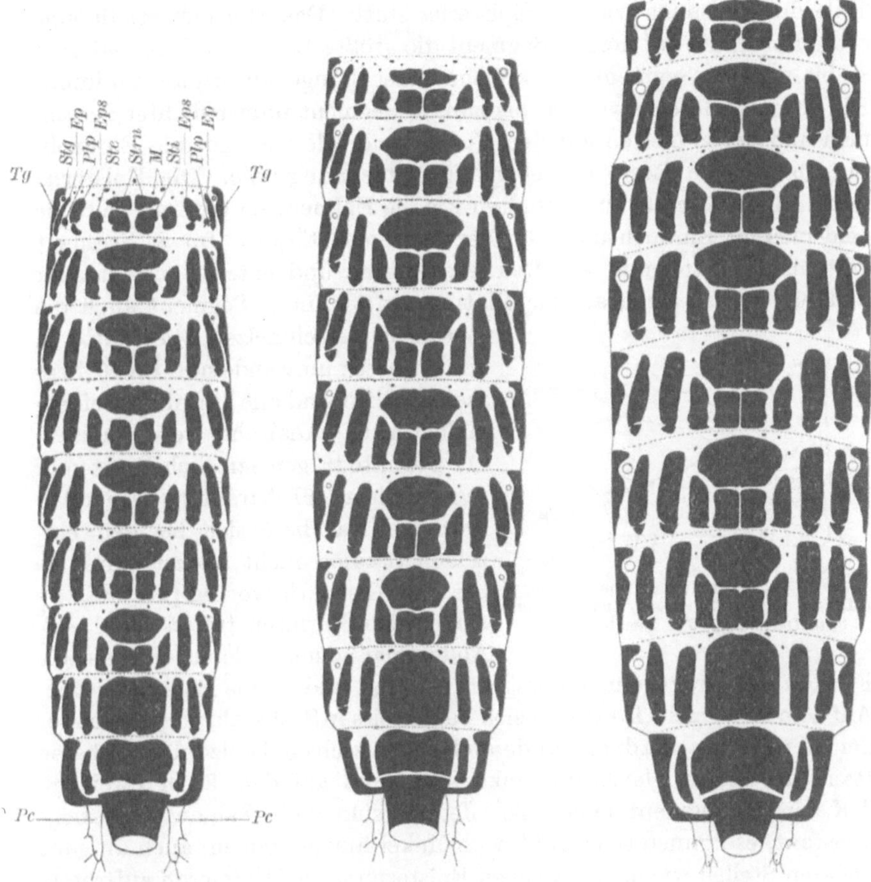

Abb. 30.   Abb. 31.   Abb. 32.

Abb. 30. Ventrale Skeletteile der I. Larve. *Ep.* Epimeron. *Eps.* Episternum. *M.* Makel. *Pc.* Pseudocercus. *Plp.* Pleuropod. *Ste.* Sternellum externum. *Stg.* Stigma. *Sti.* Sternellum internum. *Strn.* Sternum. *Tg.* Tergit. — Abb. 31. Ventrale Skeletteile der II. Larve. — Abb. 32. Ventrale Skeletteile der III. Larve.

sind in der Regel zweiteilig, doch können sie auch miteinander verschmelzen, entweder auf beiden Seiten gleichzeitig, oder nur auf einer Seite. An die Episterna schließen sich lateral die bereits erwähnten Pleuropoden an. Die Epimera sind lang gestreckt, aboral spitz zulaufend und im unteren Teil an der Innenseite etwas gebuchtet. Zwischen Epimera und Terga liegen auf den acht ersten Segmenten die Stigmen, die auf dem ersten Segment bedeutend größer sind als auf den folgenden. Sie sind von rundlicher Form. Die auf die Ventralseite übergreifenden Terga sind langgestreckt und in der Höhe der Stigmen stark gebuchtet. Auf dem 9. Segment sind sie ohne Einbuchtung, breit und aboral übergreifend. Auf dem 2. Segment findet eine Verschmelzung der beiden Teile des Sternums wie der Episterna statt. Das Sternum erhält eine ovale Form, die auf dem 3. Segment die größte Länge erreicht und vom 3. bis zum 7. Segment bei abnehmender Länge an Breite zunimmt. Die Sternella interna rücken bis zum 6. Segment immer dichter zusammen und verschmelzen auf dem 7. Eine dorsale wie ventrale Einbuchtung bilden die Reste der ehemaligen Trennungslinie. Die Episterna werden langgestreckt und erhalten wie die Epimera im unteren Teil eine beiderseitige Einbuchtung, die der letzteren stärker. Im 8. Segment verschmelzen Sternum wie Sternella interna und externa miteinander und bilden eine quadratische Platte, mit der im 9. Segment auch die Episterna verschmelzen, die Platte in ein Rechteck umwandelnd. Im 10. Segment endlich sind alle Sternite zu einem einheitlichen Analrohr verschmolzen. Die Sternite tragen sämtlich Borsten in regelmäßiger und charakteristischer Anordnung. Da diese sich bei den einzelnen Stadien nicht ändert, wird sie bei der Tertiärlarve besprochen. — Außer den Sterniten treten am 1.—8. Abdominalsegment kleine chitinisierte

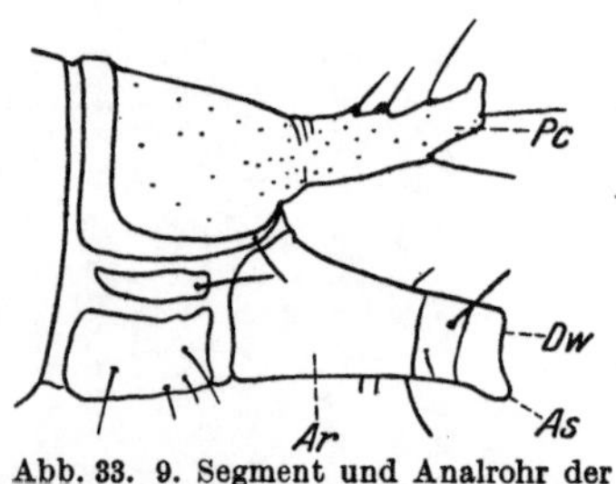

Abb. 33. 9. Segment und Analrohr der I. Larve. *Ar*. Analrohr. *As*. Analschlauch. *Dw*. Darmwand. *Pc*. Pseudocercus.

Flecken auf, die regelmäßig angeordnet sind und kleine Borsten tragen. Auf dem 1. Segment finden sie sich beiderseits in Sechszahl vor, adoral vor den Sterniten angeordnet, auf den folgenden sechs in Dreizahl, den oberen Rand der Sterna gleichsam umkreisend, und auf dem 8. in Zweizahl. Auf dem 9. Segment fehlen sie. Jedoch sind diese Zahlen keineswegs konstant, es können sehr wohl neue Makel hinzukommen, auch an ganz anderen Stellen wie etwa zwischen Episternum und Epimeron auftreten. Andererseits können einige ausfallen.

Das Analrohr (Abb. 33) wird von der Larve schräg nach hinten unten getragen und entspricht in der Länge dem 9. Segment. Es hat die Form eines stumpfen Kegels und ist ringsherum mit Borsten versehen. Sein apikaler Rand ist mit der Darmwand verwachsen. Diese füllt das Lumen des Rohres völlig aus und überragt es ausgestülpt beträchtlich. Im unteren Teil bildet sie zwei Analschläuche (Abb. 34), die am Ende aktinienartig eingestülpt sind. Sie sind glatt und unbewehrt und beide etwas schräg nach außen gerichtet. In der Mitte der Darmwand hebt sich eine rinnenartige Vertiefung deutlich ab, die den After darstellt. Die Darm-

wand samt den Analschläuchen kann durch besondere Muskeln in das
Analrohr eingezogen und durch Blutdruck wieder ausgestülpt werden.
KIRCHNER fand bei *cancellatus* und *auratus* vier Analschläuche, während
OERTEL für *granulatus* nur deren zwei beobachtete. Bei *nemoralis* sind
sie ebenfalls nur in Zweizahl vorhanden.

Die die Chitinteile miteinander verbindende und so den Larvenkörper
an den ungeschützten Teilen bedeckende Haut liegt bei den Larven vor
der Nahrungsaufnahme dem Körper schlaff an, so daß die Sternite auf
bauschigen Vorwölbungen sitzen und die Intersegmentalhäute schleifen-
förmig unter den einzelnen Segmenten liegen. Mit zunehmender Nahrungsaufnahme spannt sie sich aber, die Segmente rücken voneinander
ab, so daß nach beendetem Fraß die vor-
her flachgewölbte Larve einem runden
Schlauche gleicht und die unmittelbare
Aufeinanderfolge der Tergite durch die
Intersegmentalhäute unterbrochen wird.
Die Haut zeigt in ihrem Verlauf die
mannigfaltigsten Veränderungen. Auf der
Unterseite der Larve, zwischen den ventralen Skeletteilen, ist sie mit kleinen,
gelblich chitinisierten Schuppen dicht besät, die ihr ein graues Aussehen verleihen.
Zwischen den Segmenten bleibt eine
schmale Zone frei von diesen Gebilden und
hebt sich dadurch als Intersegmentalhaut

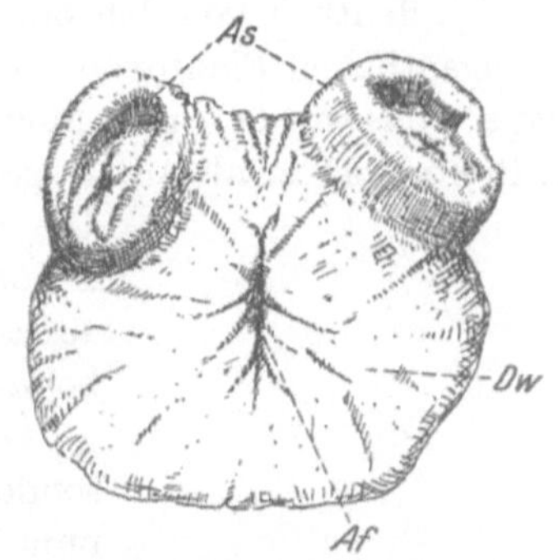

Abb. 34. Aufsicht auf die Darmwand mit
ausgestülpten Analschläuchen der I. Larve.
As. Analschlauch. *Dw.* Darmwand.
Af. After.

deutlich hervor. Auf den Mundgliedmaßen zeigt die Haut eine maschen-
oder netzförmige Struktur, die der auf den schwächer chitinisierten Teilen
der Mundgliedmaßen ausgebildeten vollauf gleicht. Diese netzförmige
Struktur kann an manchen Stellen wie etwa auf dem aboralen und adoralen Teil des ersten Gliedes der Labialpalpen oder auf den aboralen Kup-
pen des Mentums durch Ausbildung von kleinen rundlichen Schuppen
mit mehr oder minder lang ausgezogener Spitze unterbrochen werden.
Die Haut der Analschläuche weist wiederum netzförmige Struktur auf,
während die Verbindungshaut der einzelnen Extremitätenglieder der
der Sternite entspricht.

IX. Das II. Larvenstadium. (Abb. 13.)

Die Sekundärlarve unterscheidet sich von der des I. Stadiums sehr
auffallend durch die lederbraune Färbung, die am Kopf ins schwärzliche
übergeht. Diesen Farbwechsel hat sie mit der Larve von *auratus* gemein.
Die Länge beträgt durchschnittlich 16 mm, die Breite 3 mm. Sie hat
sich also im Verhältnis zur Länge stark verbreitert. Besonders auffallend
ist das bei den Thorakaltergiten. Meso- und Metanotum sind fast doppelt

so breit wie lang, so daß sie den Abdominaltergiten ähneln. Der Prothorax — im I. Stadium quadratisch — ist jetzt querrechteckig. Auch
die Abdominaltergite haben an Länge nur wenig, dagegen an Breite
stark zugenommen, so daß sie jetzt dreimal so breit wie lang sind. Das
flache Grübchen der Abdominalsegmente ist von der Mitte an den adoralen Rand gerückt. Das Fehlen der Eisprenger sowie der Pleuropoden
sind weiter bedeutende Unterschiede. Die frühere Lage der letzteren wird
aber noch durch leichte Strukturveränderungen der Haut gekennzeichnet.
In einem dem Pleuropod entsprechenden Umfange treten die gewöhn-
lichen Schuppen der Haut zurück und werden durch größere und kleinere
abgelöst (Abb. 35). In der Regel umkreisen diese einen schwarzen Makel,
der sich deutlich von den braunen Schuppen abhebt und wohl als Rest
des eigentlichen Pleuropods aufzufassen ist. Auf die Veränderungen des
Clypeofrons wurde bereits hingewiesen. Er nimmt ebenso wie die Tergite
an Breite stärker als an Länge zu, so daß Länge und Breite gleich sind.

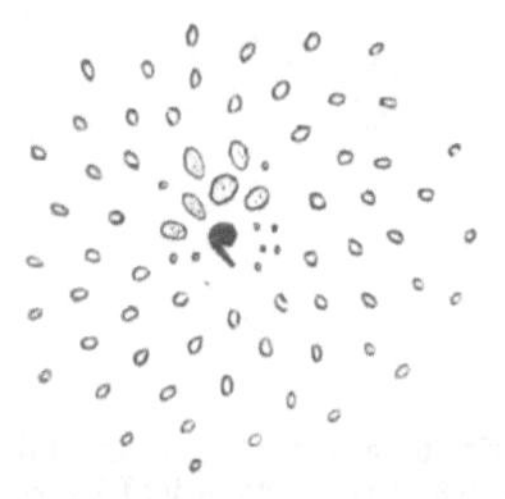

Abb. 35. Rest des Pleuropodiums
bei der II. und III. Larve.

Die Granulierung des 9. Segments und der
Pseudocerci (Abb. 28, *b*) nimmt zu, ohne jedoch
auf andere Segmente überzugreifen, wie etwa
bei *auratus*.

Die ventralen Skeletteile zeigen keine besonderen Veränderungen (Abb. 31). Das Sternum des 1. Segmentes ist immer noch zweiteilig, doch können die beiden einander stark
genäherten Hälften im unteren Teil eine Verschmelzung eingehen. Im übrigen haben die
Sterna besonders an Länge stark zugenommen.
Die Epimera sind im unteren Teile stärker gebuchtet, ja, stellenweise
findet eine Trennung statt. Die Borsten erscheinen kürzer, da sie sich
nicht entsprechend der Zunahme der Sternite verlängern.

Die Beine zeigen als auffälligen Unterschied die Bedornung der Tarsen an der Unterseite, dorsal unten durchschnittlich 4 und ventral unten
5 Borsten.

Im übrigen entspricht die Larve der des I. Stadiums.

X. Das III. Larvenstadium. (Abb. 14.)

Die Tertiärlarve ist wie die des II. Stadiums lederbraun. Die Länge
beträgt 22 mm, die Breite 4 mm. Sie hat also im Verhältnis zur II. Larve
an Länge und Breite gleichmäßig zugenommen. Der Prothorax ist jedoch im Verhältnis zur Länge bedeutend verbreitert, noch stärker wie
bei der Sekundärlarve im Verhältnis zur Primärlarve. Die Veränderungen des Clypeofrons wurden bereits erwähnt. Breite wie Länge sind
gleich. Die Granulierung des 9. Segmentes und der Pseudocerci hat

sich erheblich verstärkt, ohne jedoch auch hier auf andere Segmente überzugreifen (Abb. 28, *c*).

Die ventralen Chitinteile (Abb. 32) haben sich nicht nennenswert verändert. Die beiden Teile des Sternums im 1. Segment sind in der Regel verschmolzen, doch können sie gelegentlich noch getrennt bleiben, sind aber alsdann durch eine schwach chitinisierte Zone miteinander verbunden. Das gleiche gilt für die Episterna. Die Sternella externa können im 7. Segment im unteren Teil mit den vereinten Sternella interna verschmelzen, wie auf der Borstenzeichnung (Abb. 36) dargestellt ist. Die Beborstung der Sternite, die in charakteristischer Weise erfolgt und, wie bereits erwähnt, bei den drei Stadien gleich ist, wird durch die Abb. 36 veranschaulicht. Die feingezeichneten Borsten sind nur im durchfallenden Lichte sichtbar. Daß vielfach Bor-

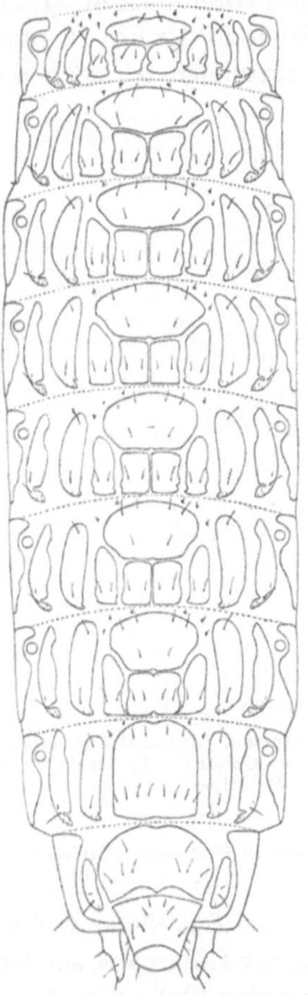

Abb. 36. Beborstung der ventralen Skeletteile der III. Larve.

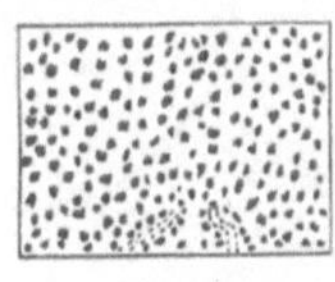

a

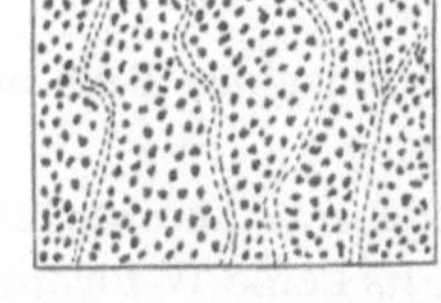

b

Abb. 37. Stück des aboralen Randes des 1. Abdom.-Segmentes, a von der I. und II. Larve, b von der III. Larve.

sten fehlen oder neue hinzutreten, sei nur nebenbei bemerkt. Da die Beborstung vom 2.—8. Segment vollauf gleichmäßig ist, lassen sich Unregelmäßigkeiten unschwer feststellen. Erwähnt sei noch, daß die seitlich hervorragenden und daher dorsal sichtbaren Borsten nicht von den Tergiten, sondern von den Epimeren stammen. Die Sternite der Borstenzeichnung sind im Gegensatz zu Abb. 32 so gezeichnet, wie sie sich bei ventraler

Aufsicht zeigen. Nur die Tergite und Stigmen sind der Wirklichkeit
entsprechend gezeichnet, da sie bei ventraler Aufsicht vielfach nicht
sichtbar sind. Sehr deutlich kommt zum Ausdruck, wie die ventralen
Chitinskelette infolge des gewölbten Körperbaues der Larve in ganz
anderer Form erscheinen als auf der Skelettzeichnung. Die geschlängelten Linien der dorsalen Dornenzonen treten auf allen Segmenten
deutlich hervor und durchlaufen die ganze Breite (Abb. 37, *b*). Im
übrigen zeigen sich bei der Larve im Vergleich zu der des II. Stadiums
keine nennenswerten Veränderungen. Nachzuholen ist noch die Be-

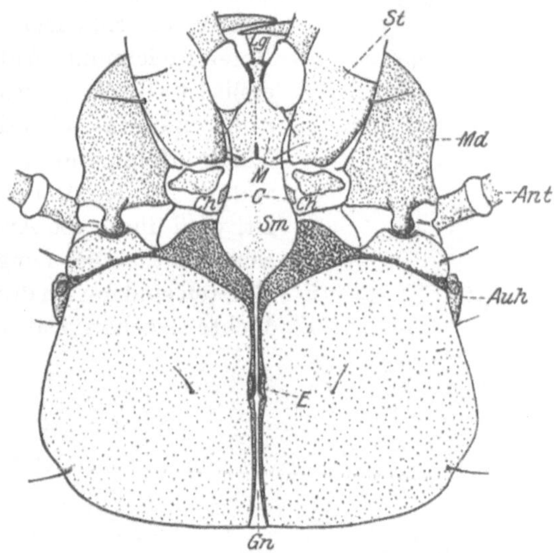

Abb. 38. Kopf der III. Larve von *Car. nemoralis* MÜLL. (ventral). *Ant.* Antenne. *Auh.* Augenhügel. *C.* Cardo. *Ch.* Dreieckiges Chitinstück. *E.* Einkerbung. *Gn.* Gularnaht. *Lg.* Ligula. *M.* Mentum.
Md. Mandibel. *Sm.* Submentum. *St.* Stipes.

schreibung einzelner Teile der Kopfunterseite sowie der ventralen Thoraxsternite.

Im Gegensatz zu *auratus* wie *granulatus* und *cancellatus* findet man
bei *nemoralis* keine W-förmige Ausgestaltung der Gularnaht, sondern die
beiden Cranialhälften sind an der entsprechenden Stelle nur eingekerbt
und verengen die Kehlnaht etwas (Abb. 38, *E*). Adoral von der Einkerbung aus schneidet die Gularnaht tiefer ein als in der ersten Hälfte ihres
Verlaufes. Auf dem häutigen Submentum läßt sie sich eine kurze Strecke
verfolgen und verschwindet alsdann. Das Submentum ist im unteren
Teil und in der Mitte vorspringend schwach chitinisiert und wird aboral
von einer Zone umgeben, die stärker pigmentiert ist und tiefer liegt wie
die Cranialhälften. Da sie aber in diese nahtlos übergeht, handelt es sich
nicht um besondere Gebilde.

Die Bezeichnung der ventralen Skeletteile des Thorax folgt der von
v. Lengerken bei *auratus* angegebenen. Die Zeichnung 39 stellt wiederum die Sternite so dar, als wären sie auf einer Ebene ausgebreitet.
Den vorderen Teil des Prothorax nimmt eine dreieckige, stark chitinisierte Platte ein, das Acroprosternit, das als Stützplatte für den Kopf
dient. Zu beiden Seiten schließen sich die Trochantini des ersten Bein-

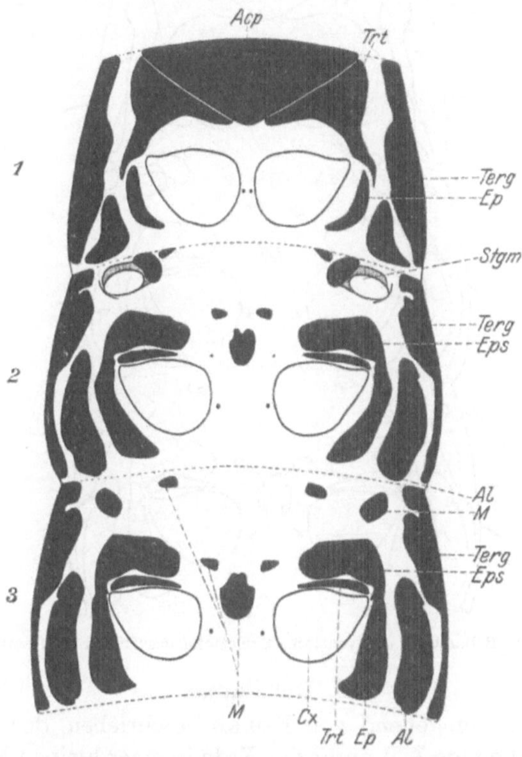

Abb. 39. Die ventralen Skeletteile des Thorax (III. Larve). *Acp.* Acroprosternit. *Al.* den Flügelanlagen entsprechender Skeletteil. *Cx.* Ansatzstelle der Coxa. *Ep.* Epimeron. *Eps.* Episternum.
M. Makel. *Stgm.* Stigma. *Terg.* Tergit. *Trt.* Trochantinus.

paares an, die distal zipflig enden. Aboral folgt beiderseits das Epimeron,
das im Meso- und Metathorax mit dem Episternum verschmilzt und halbkreisförmig die Coxa umgibt. Die Trochantini werden in den hinteren
Brustsegmenten zu schmalen Platten und von Coxa und Eipsternum ein-
geschlossen. Lateral in den unteren Ecken liegen die nach Berlese den
Flügelanlagen entsprechenden Skeletteile. Außer diesen Ventralplatten
findet sich in den beiden hinteren Brustsegmenten beiderseits noch je ein
Sternit in den oberen Ecken, das im Mesonotum sich an das einzige Stig-
menpaar des Thorax anschließt. Dieses hat die Größe des ersten Abdo-

minalstigmas, ist aber im Gegensatz zu den runden Hinterleibsstigmen
oval. An borstentragenden Makeln sind im Meso- und Metanotum mehrere vorhanden, im Pronotum nur zwei kleine zwischen den Coxen.
Abb. 40 stellt die Beborstung der ventralen Thoraxsternite dar.

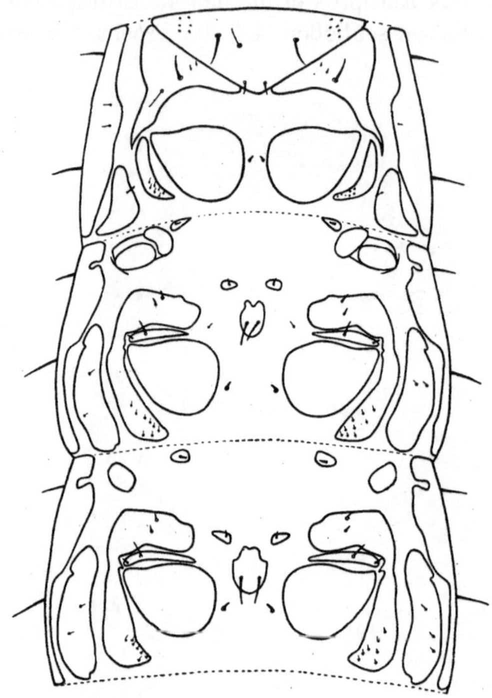

Abb. 40. Beborstung der ventralen Skeletteile des Thorax (III. Larve).

XI. Die Puppe.

Die Puppe ist eingehend von KOLBE beschrieben, der sie in einem
Garten im April einige Zoll unter der Erde in einer kleinen Höhlung auf-
fand und sie durch Schlüpfen des Jungkäfers sicherstellen konnte. Ich
lasse seine Schilderung folgen:

„Ich fand dieselbe im April vorigen Jahres in einem Garten einige Zoll
unter der Erde in einer kleinen Höhlung; sie ist 26 mm lang, von weiß-
gelber Farbe, der Körper von ziemlich weicher Konsistenz, der Kopf
stark nach abwärts geneigt, die Augen deutlich vorragend, dunkel gefärbt; die langen Flügelscheiben in gleicher Richtung mit den angezoge-
nen und nach hinten gestreckten Beinen auf der Unterseite des Körpers,
den Vorder- und Mittelschenkeln aufliegend und den Außenrand der
schmalen, nach unten geschlagenen Flügeldeckenscheiden berührend.
Die Hinterfüße erreichen fast das Hinterleibsende, an welchem sich zwei
kleine, an ihrer Basis 1 $^3/_4$ mm voneinander entfernte stumpfe Spitzen

befinden, wie bei den übrigen bekannten Carabidenpuppen. Die 13 Körperringel sind alle vollkommen sichtbar. Der Käfer schlüpfte 6 Tage
nachher aus. Anfangs noch weich und unscheinbar gefärbt, hatte er
schon im Laufe des folgenden Tages seine Farbe und Festigkeit erhalten.
Von der Puppe des *Carabus auronitens*, welche Schaum in der Naturgeschichte der Insekten Deutschlands beschreibt, unterscheidet sich die
gegenwärtige durch den Mangel der an den Seiten des Körpers befindlichen Haarbüschel und dadurch, daß die Hinterfüße nicht wie bei jener
die Spitze am Hinterleibsende überragen.“

Charakteristische Unterschiede der drei Larvenstadien.

Merkmale	I. Stadium	II. Stadium	III. Stadium
1. Farbe	schwarz	braun	braun
2. Eisprenger	vorhanden	fehlen	fehlen
3. Pleuropoden	vorhanden	Überreste	Überreste
4. Clypeofrons	siehe Abb. 18 a	siehe Abb. 18 b	siehe Abb. 18 c
5. Frontalsuturen in Höhe der Ansatzstelle der Antennen	gespalten	gespalten	nicht gespalten
6. Pseudocerci und 9. Segment	schwach granuliert	stärker granuliert	stark granuliert
7. Unterseite der Tarsen	nicht bedornt	bedornt	bedornt
8. Die Kanäle der Dornenzone durchlaufen die ganze Breite deutlich sichtbar	auf der adoralen Dornenzone d. Pronotums	auf der adoralen Dornenzone d. Pronotums	auf allen Dornenzonen der Oberseite
9. Retinacula der Mandibeln	rundlich gebogen	hakig gebogen	eckig

Nachtrag.

Die auf S. 17 ausgesprochene Vermutung über die voraussichtliche
Lebensdauer der Caraben erwies sich als zu Recht bestehend. Von den
mir zur Verfügung stehenden Exemplaren waren bis zum 31. XII. 92%
eingegangen. Daß etwa die Männchen schneller altern wie die Weibchen, wie Oertel für *granulatus* angibt, oder umgekehrt die Weibchen
eher Altersschäden aufweisen, wie Kirchner bei *cancellatus* beobachtete,
konnte ich für *nemoralis* nicht feststellen. Die Geschlechter wiesen in
dieser Hinsicht keine Unterschiede auf. Auch die Tatsache, daß am
17. X. 19 eingegangenen Männchen 19 eingegangene Weibchen gegenüberstanden und am 17. XI. sich die Zahlen wie 24 : 23 verhielten, beweist, daß der Absterbeprozeß bei beiden Geschlechtern gleichmäßig verläuft. (Betont sei, daß das Ausgangsmaterial gleichviel Weibchen und
Männchen aufwies.)

Während die Kopulationslust der Männchen — wie bereits erwähnt —
mit Beginn des Sommerschlafes erlischt, machte ein Männchen eine be-

trächtliche Ausnahme, indem es von Oktober bis in den Januar hinein mit kurzer Unterbrechung durch einen etwa 2 Wochen dauernden Winterschlaf erneut eifrig kopulierte und sich durch seine Lebendigkeit von den anderen Überlebenden sichtlich abhob. Um so überraschender war die Tatsache, daß selbst dieses Tier sich mit Gregarinenzysten behaftet erwies, als ich es nach seinem Tode — Mitte Februar — sezierte. Der Befall war nur gering. Eine größere Ansammlung von Zysten lag zusammengeballt linksseitig im oralen Teil des Abdomens, im übrigen waren nur wenig Zysten verstreut feststellbar. Wenn dieser Befund auch die auf S. 19 ausgesprochene Vermutung, daß durch Anwesenheit von Leibeshöhlengregarinen eine parasitäre Kastration stattfindet, keineswegs erschüttert, so berechtigt er doch zu der Annahme, daß eine parasitäre Kastration zunächst wenigstens nicht unbedingt zu erfolgen braucht.

Da nunmehr (1. III.) die Altkäfer bis auf ein Weibchen sämtlich eingegangen sind, ist es möglich, die Befallsziffer der mit Gregarinenzysten behafteten Tiere anzugeben. Von der Gesamtzahl erwiesen sich 40% als verseucht, 54% ließen keine Zysten erkennen und 6% kamen abhanden, indem sie aus ihren Gefäßen entwichen. Die Befallsziffer ist somit recht erheblich und läßt sich vielleicht zur Erklärung der Tatsache anführen, daß nur ein Drittel der Weibchen zur Eiablage schritt. Daß aber von diesen keins mehr als vier Eier ablegte und von der Gesamtzahl der Weibchen etwa 20% sich überhaupt nicht fortpflanzte, obwohl keine Zysten nachgewiesen werden konnten, ist vorläufig noch unerklärbar.

Es sei noch die Darlegung von Fuchs und Gilbert erwähnt, welche bei *Ips typographus* im Darm *Gregarina typographi* n. sp. fanden und in der Leibeshöhle *Telosporidium typographi* n. sp. Erstere befindet sich in der Hauptsache im Mitteldarm und ist im allgemeinen unschädlich, sofern sie nicht in solchen Massen auftritt, daß sie den Darm blasig erweitert und Verstopfung verursacht. *Telosporidium typographi* n. sp. hält Fuchs aber für absolut tödlich. Es entwickelt sich im Fettkörper, pflanzt sich multiplikativ fort und tritt in die Leibeshöhle. Diese erfüllen die Parasiten und führen so den Tod des infizierten Tieres herbei. Die Sporidien haben eine Länge von 16 μ und eine Breite von 6 μ. Wie weit diese Parasiten auch für die Carabiden in Betracht kommen, sei dahingestellt.

Die Frage nach dem Gehörsinn der Tiere, welche bereits auf S. 13 gestellt ist, möchte ich ergänzend dahingehend beantworten, daß sie wohl zweifellos Geräusche wahrnehmen. Scharrte man mit einem kleinen Stock in dem Erdboden oder kratzte mit einer Pinzette auf Holzstückchen, so blieben manche Käfer einen Augenblick wie gebannt stehen mit schräg nach vorn gerichteten, leicht gebogenen Antennen, gleichsam um die Herkunft des Geräusches zu ermitteln, und eilten alsdann mit großer Sicherheit auf die betreffende Stelle zu. Oft machten sie in ihrem Lauf halt, gleichsam um aufs neue die „Schallrichtung" zu ermitteln, und eilten alsdann weiter. Den Kopf hielten sie dabei schräg aufgerichtet, so daß die Palpen den Boden nicht berührten. Da in allen Fällen das Geräusch mit Instrumenten ausgeführt wurde, die geruchlich nicht wirksam waren — hielt man sie dicht an die Käfer, so eilten sie achtlos vorüber —, so kann nur die Schallwahrnehmung die Tiere beeinflußt haben. Diese Versuche glückten nur bei solchen Tieren, die gerade besonders reaktionsfähig waren, wie etwa kopulationslustige oder beutegierige Tiere.

Literaturverzeichnis.

A. Faunistische Literatur.

1. **Apfelbeck, Viktor:** Die Käferfauna der Balkanhalbinsel mit Berücksichtigung Klein-Asiens und der Insel Kreta 1, 39. Berlin 1904. — 2. **de Bertolini, Stef.:** Catalogo sinonimico e topografico dei Coleotteri d'Italia, S. 8. Firenze 1872. — 3. Catalogue of the Coleoptera of America, North of Mexico by Charles W. Leng, Mount Vernon, N. Y. 1920, S. 45. — 4. **Erichson, Wilh. Ferd.:** Die Käfer der Mark Brandenburg 1, 14. Berlin 1837. — 5. **Everts, Y. E.:** Coleoptera Neederlandica, I. Deel, 42 (1898). — 6. Fauna Coleopterorum italica 1, 56. Adephaga. Piacenza 1923. — 7. Fauna Insectorum Friedrichsdalina 1764, S. 21. — 8. Fauna regni hungariae, S. 24. Budapest 1900. — 9. **Fowler, W. W.:** The Coleoptera of the British Islands, S. 7. London 1887. — 10. **v. Fricken, Wilh.:** Naturgeschichte der in Deutschland einheimischen Käfer. S. 34. Werl 1880. — 11. **Gerhardt, J.:** Verzeichnis der Käfer Schlesiens, S. 4. Berlin 1910. — 12. **Grill, Claes:** Catalogus Coleopterorum Scandinaviae, Daniae et Fenniae, S. 2. Stockholm 1896. — 13. **v. Heyden, Lucas:** Die Käfer von Nassau und Frankfurt. S. 25. Frankfurt a. M. 1904. — 14. **Hormuzaki, C.:** Beobachtungen über die aus Rumänien bisher bekannten *Carabus*-Arten. Bull. Soc. Sci. 12, 272—285. Bukarest 1903. — 15. **Jakobson, G. G. G.:** Käfer Rußlands, S. 249. Petersburg 1905. — 16. **Johnson, W. u. Halbert, J. N.:** A List of the Beetles of Ireland, S. 555 in „Proceedings" 3. Ser., 6, Nr 4. Dublin 1902. — 17. **Kellner, A.:** Verzeichnis der Käfer Thüringens, S. 7. (1873). — 18. **Koltze, W.:** Fauna Hamburgensis, S. 8. Hamburg 1901. — 19. **Kuntze, Roman:** Für Polen neue und seltene Käfer aus Podolien. Bull. entomol. Polen 2, 30—35 (1923). — 20. **Lomnicki, J.:** Materialien zur Verbreitung der Carabinen in Galizien. Verh. zool.-bot. Ges. Wien 43, 335—348 (1893). — 21. **Redtenbacher, L.:** Fauna austriaca: Die Käfer, S. 12. Wien 1874. — 22. **Reitter, E.:** Fauna Germanica, S. 88. Stuttgart 1908. — 23. **Seidlitz, G.:** Fauna Baltica, S. 8. Königsberg 1891. — 24. Fauna Transsylvanica, S. 8. Königsberg 1891. — 25. **Siebke, H.:** Enumeratio Insectorum Norvegicorum, Fasc. II, S. 78. Christiania 1875. — 26. **Stierlin:** Käfer-Fauna der Schweiz, 1, 41 (1900). — 27. **Thomson, C. G.:** Skandinaviens Coleoptera 1. Lund 1859. — 28. **Wahnschaffe, Max:** Verzeichnis der im Gebiete des Aller-Vereins zwischen Helmstedt und Magdeburg aufgefundenen Käfer, S. 31. Neuhaldensleben 1883. — 29. **Wilken:** Käfer-Fauna Hildesheims, S. 10. Hildesheim 1867.

B. Biologische Literatur.

30. **de Castelnau, Laporte:** Annales de la Société Entomologique de France, S. 55. (1837). — 31. **Doflein, F.:** Lehrbuch der Protozoenkunde. Jena 1911. — 32. **Fauvel:** Faune Gallo-Rhen 2, 36 (1882). — 33. **Fuchs u. Gilbert:** Die Naturgeschichte der Nematoden und einiger anderer Parasiten: 1. des *Ips typographus* L., 2. des *Hylobius abietis* L. Zool. Jb., Abt. Syst. 38 (1915). — 34. **Ganglbauer:**

Die Käfer Mitteleuropas. I. Caraboidea. — 35. **Heer, O.:** Observationes Entomologicae, **2**, A, 12—14 (1836). — 36. **Heymons, R.:** Über einen Apparat zum Öffnen der Eischale bei den Pentatoniden. Z. Insektenbiol. **1906**, H. 3/4, 73. — 37. Zur Kenntnis der Schalensprenger bei den Insekten. Verh. des III. internat. Entomologenkongresses. Zürich 1925. — 38. Über Eischalensprenger und den Vorgang des Schlüpfens aus der Eischale bei den Insekten. Biol. Zbl. **46** (1926). — 39. **Kern, P.:** Beiträge zur Biologie der Caraben. Entomol. Bl. **17** (1921). — 40. **Kirchner, H.:** Biologische Studien über *Carabus cancellatus* Ill. Z. Morph. Ökol. Tiere **7**, H. 4 (1927). — 41. **Kolbe:** Über die Puppe von *Carabus nemoralis* Müll.-Ill. Dtsch. entomol. Z. **30**, 48 (1879). — 42. **Korschelt, E.:** Der Gelbrand *Dytiscus marginalis* L. **2**, 879. Leipzig 1924. — 43. **de Lapouge, G. V.:** Tableaux de détermination des larves de Carabes et de Calosomes. L'Echange Revue Linnéenne, Nr 248—250 (1905). — 44. **v. Lengerken, H.:** *Carabus auratus* L. und seine Larve. Arch. Naturgesch. **1921**, H. 3. — 45. Extraintestinale Verdauung. Biol. Zbl. **44**, H. 6, 273—297 (1924). — 46. Lebenserscheinungen der Käfer. Leipzig 1928. — 47. Coleoptera. I, II. Biologie der Tiere Deutschlands (P. Schulze), Liefg: Teil 40, S. 1—36, 12. Teil 40, S. 37—104. Berlin 1924. — 48. **Letzner:** Jahresbericht der schlesischen Gesellschaft für vaterländische Kultur, 32. Bericht. Breslau 1854. — 49. **Oertel, R.:** Biologische Studien über *Carabus granulatus* L. Zool. Jb., Abt. Syst. **48**, 299 (1924). — 50. **Schaum:** Naturgeschichte der Insekten Deutschlands, I. Abt., **1**, 119—120. Berlin 1860. — 51. **Schioedte:** De Metamorphosi Eleutheratorum Observationes. Carabidae. Pars I, S. 210 bis 211. Kopenhagen 1861—1872. — 52. **Verhoeff, K. W.:** Über vergleichende Morphologie der Mundwerkzeuge der Coleopteren-Larven und Imagines. Zool. Jb., Abt. Syst. **44.** — 53. **Weber, L.:** Zur Kenntnis der *Carabus*-Larven. Allg. Z. Entomol. **9**, 414 (1904). — 54. **Weber:** Biologische Kleinigkeiten. Entomol. Bl. **6**, 172 (1910). — 55. **Wellmer, Leo:** Sporozoen ostpreußischer Arthropoden. Schr. physik.-ökonom. Ges. **52** (1911). — 56. **Xambeu:** *Carabus nemoralis* Illiger. Ann. Soc. Linnéenne Lyon **44**, 49 (1898). — 57. **Zang, R.:** Beiträge zur Biologie von *Carabus nemoralis* Müll. Allg. Z. Entomol. **6**, 273—276 (1901).

Lebenslauf.

Der Verfasser, KURT DELKESKAMP, evangelischer Konfession, ist geboren am 17. Mai 1902 zu Bersenbrück, Reg.-Bez. Osnabrück, als Sohn des jetzigen Landgerichtsdirektors CARL DELKESKAMP. Er besuchte die Vorschule in Hannover und Celle und das Joachim Friedrich-Gymnasium zu Berlin und bestand Ostern 1921 die Reifeprüfung. Von 1921—1924 war er in der Landwirtschaft praktisch tätig, 2 Jahre in der Neumark, in Büssow bei Landsberg a. W. und Clausdorf bei Berlinchen, und 1 Jahr in Weende bei Göttingen. Anschließend unterzog er sich dem Studium der Landwirtschaft an der Universität zu Göttingen und an der Landwirtschaftlichen Hochschule zu Berlin und bestand Ostern 1927 das Diplomexamen. Vorliegende Arbeit wurde im Oktober 1929 eingereicht. Die mündliche Doktorprüfung legte er im Februar 1930 ab.

KURT DELKESKAMP.